U0249698

高等职业教育智能建造类专业"十四五"系列教材
住房和城乡建设领域"十四五"智能建造技术培训教材

数字一体化设计技术与应用

组织编写　江苏省建设教育协会
主　　编　黄文胜　常　虹
副主编　袁　玮　马少亭　娄永峰
主　　审　童滋雨

中国建筑工业出版社

本系列教材编写委员会

顾　问：肖绪文　沈元勤

主　任：丁舜祥

副主任：纪　迅　章小刚　宫长义　张　蔚　高延伟

委　员：王　伟　邹建刚　张　浩　韩树山　刘　剑
　　　　邹　胜　黄文胜　王建玉　解　路　郭红军
　　　　张娅玲　陈海陆　杨　虹

秘书处：

秘书长：成　宁

成　员：王　飞　施文杰　聂　伟

出版说明

智能建造是通过计算机技术、网络技术、机械电子技术、建造技术与管理科学的交叉融合，促使建造及施工过程实现数字化设计、机器人主导或辅助施工的工程建造方式，其已成为建筑业发展的必然趋势和转型升级的重要抓手。在推动智能建造发展的进程中，首当其冲的，是培养一大批知识结构全、创新意识强、综合素质高的应用型、复合型、未来型人才。在这一人才队伍建设中，与普通高等教育一样，职业院校同样担负着义不容辞的责任和使命。

传统建筑产业转型升级的浪潮，驱动着土木建筑类职业院校教育教学内容、模式、方法、手段的不断改革。与智能建造专业教学相关的教材、教法的及时更新，刻不容缓地摆在了管理者、研究者以及教学工作者的面前。正是由于这样的需求，在政府部门指导下，以企业、院校为主体，行业协会全力组织，结合行业发展和人才培养的实际，编写了这一套教材，用于职业院校智能建造类专业学生的课程教学和实践指导。

本系列教材根据高职院校智能建造专业教学标准要求编写，其特点是，本着"理论够用、技能实用、学以致用"的原则，既体现了前沿性与时代性，及时将智能建造领域最新的国内外科技发展前沿成果引入课堂，保证课程教学的高质量，又从职业院校学生的实际学情和就业需求出发，以实际工程应用为方向，将基础知识教学与实践教学、课堂教学与实验室、实训基地实习交叉融合，以提高学生"学"的兴趣、"知"的广度、"做"的本领。通过这样的教学，让"智能建造"从概念到理论架构、再到知识体系，并转化为实际操作的技术技能，让学生走出课堂，就能尽快胜任工作。

为了使教材内容更贴近生产一线，符合智能建造企业生产实践，吸收建筑行业龙头企业、科研机构、高等院校和职业院校的专家、教师参与本系列教材的编写，教材集中了产、学、研、用等方面的智慧和努力。本系列教材根据智能建造全流程、全过程的内容安排各分册，分别为《智能建造概论》《数字一体化设计技术与应用》《建筑工业化智能生产技术与应用》《建筑机器人及智能装备技术与应用》《智能施工管理技术与应用》《智慧建筑运维技术与应用》。

本系列教材，可供职业院校开展智能建造相关专业课程教学使用，同时，还可作为智能建造行业专业技术人员培训教材。相信经过具体的教育教学实践，本系列教材将得到进一步充实、扩展、臻于完善。

江苏省建设教育协会

序　言

　　随着信息技术的普及，建筑业正在经历深刻的技术变革，智能建造是信息技术与工程建造融合形成的创新建造模式，覆盖工程立项、设计、生产、施工和运维各个阶段，通过信息技术的应用，实现数字驱动下工程立项策划、一体化设计、智能生产、智能施工、智慧运维的高效协同，进而保障工程安全、提高工程质量、改善施工环境、提升建造效率，实现建筑全生命期整体效益最优，是实现建筑业高质量发展的重要途径。

　　做好职业教育、培养满足工程建设需求的工程技术人员和操作技能人才是实现建筑业高质量发展的基本要求。2020 年，住房和城乡建设部等 13 部门联合印发了《住房和城乡建设部等部门关于推动智能建造与建筑工业化协同发展的指导意见》（建市〔2020〕60 号），确定了推动智能建造的指导思想、基本原则、发展目标、重点任务和保障措施，明确提出了要鼓励企业和高等院校深化合作，大力培养智能建造领域的专业技术人员，为智能建造发展提供人才后备保障。

　　江苏省是我国的教育大省和建筑业大省，江苏省建设教育协会专注于建设行业人才的探索、研究、开发及培养，是江苏省建设行业在人才队伍建设方面具有影响力的专业性社会组织。面对智能建造人才培养的要求，江苏省建设教育协会组织江苏省建筑业相关企业、高职院校共同参与，多方协作，编写了本套高等职业教育智能建造类专业"十四五"系列教材，教材涵盖了智能建造概论、一体化设计、智能生产、智能建造、智能装备、智慧运维等领域，针对职业教育智能建造专业人才培养需求，兼顾行业岗位继续培训，以学生为主体、任务为驱动，做到理论与实践相融合。这套教材的许多基础数据和案例都来自实际工程项目，以智能建造运营管理平台为依托，以 BIM 数字一体化设计、部品部件工厂化生产、智能施工、建筑机器人和智能装备、建筑产业互联网、数字交付与运维为典型应用场景，构建了"一平台、六专项"的覆盖行业全产业链、服务建筑全生命周期、融合建设工程全专业领域的应用模式和建造体系。这些内容与企业智能建造相关岗位具有很好的契合度和适应性。本系列教材既可以作为职业教育教材，也可以作为企业智能建造继续教育教材，对培养高素质技术技能型智能建造人才具有重要现实意义。

中国工程院院士

前　言

本教材以 BIM 技术相关理论作为依据，系统介绍了数字一体化设计体系框架及其在建筑全生命周期中的应用，可供高等职业院校智能建造类专业教学之用，也可以为建筑业智能建造领域的技术人员提供理论与案例参考。

数字一体化设计是 BIM 正向设计的增强模式，具有标准化、通用化、集成化、工厂化、装配化等特点，它贯穿建筑的全生命周期，要求以数据为驱动，做到高度协同，建立以设计为源头的数据中心，为全产业链数据应用提供支撑。本教材第 1 章　数字一体化设计概述，介绍了数字一体化设计的基本概念、政策解读以及技术目录；第 2 章　数字一体化设计协同管理，介绍了平台管理及设计协同；第 3 章　设计阶段数字一体化设计，介绍了数字化模型设计、辅助分析及辅助审查；第 4 章　施工阶段数字一体化设计，介绍了深化设计、施工模拟与数字化交付；第 5 章　装配式建筑设计，介绍了装配式建筑设计概述、装配式建筑深化设计及装配式结构施工辅助设计；第 6 章　数字一体化技术拓展应用，介绍运维阶段技术应用与数字一体化技术与智能装备。本教材力求内容精练、语言流畅、强调实操性，同时兼顾知识的系统性和实践的指导性。

本教材编写过程中，得到东南大学建筑设计研究院有限公司、中国矿业大学、中衡设计集团股份有限公司、中国电子系统工程第二建设有限公司、悉地（苏州）勘察设计顾问有限公司、中亿丰数字科技集团有限公司、江苏城乡建设职业学院、江苏省镇江技师学院、南京慧筑信息技术研究院有限公司等单位的大力支持和鼎力相助，使教材内容更加充实丰富，工程案例更加贴近岗位需求。

本教材由黄文胜、常虹任主编，袁玮、马少亭、娄永峰任副主编。第 1 章由黄文胜、袁玮、史海山编写；第 2 章由王奇勋、吴铭、曹顺编写；第 3 章由马少亭、张琪峰、高齐璐编写；第 4 章由娄永峰、朱建威、曹东煜编写；第 5 章由常虹、徐莹、彭伟编写；第 6 章由施文杰、倪树新、秦岭编写。教材全稿由南京大学建筑与城市规划学院童滋雨主审。

智能建造相关教材的开发与编写，是新形势下适应建筑业转型升级人才培养的新尝试。在这项工作中，我们得到了参编各位作者及其所在单位多方面的支持和帮助，特此鸣谢！由于编者水平有限，加之时间仓促，书中难免存在疏漏欠妥之处，希望使用本教材的职业院校和广大师生提出批评、建议和意见，以便在今后的修订中不断充实、完善。

编　者

2023 年 9 月 25 日

目　录

第 1 章　数字一体化设计概述

第 2 章　数字一体化设计协同管理

第 3 章 设计阶段数字一体化设计

第 5 章　装配式建筑设计

第 6 章　数字一体化技术拓展应用

第①章

数字一体化设计概述

认识数字一体化设计

数字一体化设计基本概念

数字一体化设计政策解读

数字一体化设计技术目录

知识拓展

习题与思考

数字一体化设计评价

评价的意义、方法和目的

数字化辅助设计的评价

数字化深化设计的评价

数字化辅助分析的评价

数字化辅助审查的评价

数字化辅助管理的评价

知识拓展

习题与思考

1.1 认识数字一体化设计

教学目标

一、知识目标

1. 了解 BIM 正向设计概念；
2. 了解数字一体化设计概念。

二、能力目标

1. 能说明数字一体化设计在智能建造中的作用；
2. 能列出数字一体化设计技术目录。

三、素养目标

具备领会国家关于数字一体化设计相关政策的能力。充分认识发展自主可控的 BIM 软件的国家战略。

学习任务

学习数字一体化设计基本概论、政策解读及技术目录。

建议学时

2 学时

思维导图

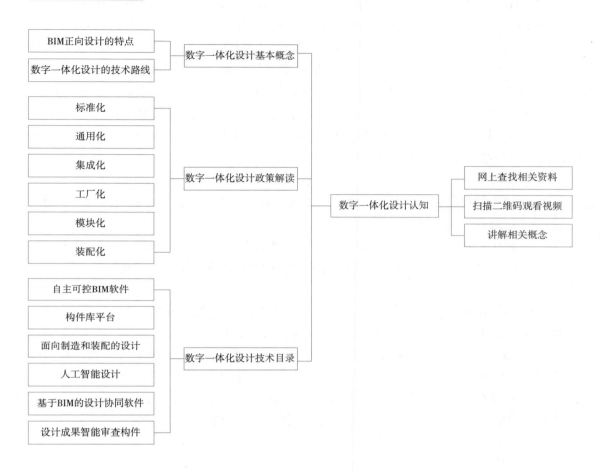

1.1.1 数字一体化设计基本概念

1. BIM 正向设计

BIM 技术具备可视性、协调性、模拟性、优化性和可出图性五大特点，这些特点贯穿建筑设计的全过程，从而可以使各方更好地进行沟通、协同设计、优化方案与决策，为后续 BIM 技术的应用打下良好的基础。

BIM 正向设计是针对目前 BIM 运用中的"翻模"现象提出的一种技术路径，也是建筑 BIM 设计的初衷。"翻模"往往出现在设计完成以后，将二维图纸翻模成 BIM 模型来应对政府要求或者满足其他专业对 BIM 模型的需求，但在建筑设计过程中，并没有在真正意义上对 BIM 模型进行运用，没有发挥 BIM 模型在建筑设计过程中对效率提升、方案优化、专业协同和建筑质量检查等方面应有的作用。"翻模"是 BIM 发展过程中出现的一种过渡现象，具有一定的积极作用。

　　BIM正向设计主要指相关设计工作在BIM的工作框架下完成，以BIM的思维和工作方式开展设计工作，直接在三维环境下进行协同设计，设计相关信息由BIM模型承载，通过模型直接得到所需的图纸、报表和数据，图纸与模型相互关联、同步优化等。

　　正向设计（Forward Design），是直接构建建筑信息模型，并由其生成BIM设计交付物的一种设计方式。BIM正向设计是BIM技术在设计阶段应用的最理想模式，也是确保图模一致、设计信息顺利传递至施工与运维阶段，从而延展至CIM应用的必然选择。BIM正向设计模式是全流程工作方式，必须重点研究关键技术与管理要点，涉及多专业协同、BIM制图、BIM设计校审等诸多方面，践行标准化、构件化、平台化、智能化的技术路线，构建完整的BIM正向设计体系。

　　建筑BIM正向设计的特点如下：

　　（1）BIM模型的创建，是在三维空间里做设计，依据的是设计师的设计意图，而非成品或半成品的二维图纸。

　　（2）BIM模型作为设计过程的载体，是随着设计师的空间设计推演、功能的布局、造型的设计、各种技术经济指标的计算、建筑性能的分析优化以及合规核查等而不断深入、完善的。

　　（3）BIM模型作为工作的核心模型，是专业内部和专业之间进行协同工作的模型，图纸与模型相互关联，所有的修改都伴随着模型的同步更新。

　　（4）BIM模型中包含设计相关信息，信息的价值量大于图形的价值量，可直接或间接用于多种BIM应用，并可以从应用中获得直接或间接回馈，用以丰富和优化BIM模型。

　　（5）BIM模型作为设计成果的载体，可以用作阶段交付和成果交付，它包含设计成果所需的图纸、报表、数据，可用于工程的后续阶段，而不需重新建模。

2. 数字一体化设计

　　数字一体化设计是指在建筑设计过程中，结合计算机辅助设计（CAD）、计算机辅助制造（CAM）和计算机辅助工程（CAE）等技术，实现建筑整个生命周期的数字化管理。数字一体化设计可以实现从概念设计到建造、运维全过程的数字化，实现协同化、自动化和智能化。通过数字一体化设计，可以提高建筑设计的仿真和性能分析的效率，缩短设计周期，并在设计过程中不断优化、完善建筑设计，降低成本提高质量。

　　数字一体化设计是一种新型的设计方法，它将建筑、结构和机电等多个专业领域的设计信息整合到一个数字模型中，从而实现了设计信息的共享、协同和优化。这种设计方法可以大大提高设计效率和设计质量，减少设计错误和冲突，降低工程造价，缩短施工周期。

　　在数字一体化设计中，设计师可以通过数字模型快速地进行多种方案的比较和优化，预测设计方案的性能和成本，减少设计变更和重复设计的人力成本。同时，数字模型还可以用于施工和运营阶段，使得工程的建造和运营更加高效、精准和可持续。

　　数字一体化设计是BIM正向设计的增强模式，它贯穿建筑的全生命周期，要求以数据为驱动，高度协同，要求建立标准构件库、统一的分类编码体系，进行建筑工业化生产，大规模采用装配式建筑，保证数据在各阶段的有效传递，是智能建造的核心与灵魂。数字一体化设计产生以设计为源头的数据中心，为全产业链数据应用提供支撑。

数字一体化设计的技术路线是：标准化、构件化、平台化、智能化。

（1）标准化

标准化设计采用标准化的构件，形成标准化的模块，进而组合成标准化的构筑物，在构件、功能模块、功能区等层面上进行不同的组合，形成满足不同需求的构筑物。采用"少规格、多组合"的原则，以少量的构件组合成多样化的产品，满足不同的使用需求。

（2）构件化

构件是作为 BIM 模型中基础数据和基本组成单元，对于相同类型的工程项目，绝大多数构件是可以重复利用的，不同类型的工程项目，部分构件也是可以重复利用的。为提高创建三维信息模型的效率和质量，采用面向对象的设计模式，通过把模型拆分成不同的构件，单独去创建 BIM 构件资源，然后调用构件资源做较少的修改，组合成为三维信息模型，将提高 BIM 正向设计的效率和质量，并且极大地发挥构件资源的可复用性。

（3）平台化

建筑工程中无论是 CAD 或是 BIM 都是以多部门多专业协同工作为目标，协同设计是协同工作在设计领域的分支，通过建立统一的标准和协同设计平台，实现设计数据及时与准确的共享，通过一定的信息交换和沟通机制，分别完成各自的设计任务，从而共同完成最终的设计目标。

希望建立以构筑物参数设计为基础的协同设计平台，设计人员可以从基于图纸设计方式转化为基于数据的设计，通过参数设计协同平台，BIM 正向设计时从构件库中挑选合适的构件，稍加修改后，采用"搭积木"式的拼装，可以提高工程设计整体效率。

（4）智能化

设计是一个创造性的思维、推理和决策的过程，智能化技术在设计中的成果应用，引起设计领域深刻的变革，由人完成的设计过程，已转换为由人机密切结合共同完成设计的智力活动，实现了对设计过程基于符号性知识模型和符号处理的推理工作，用于完成概念设计的有关内容。可以说智能化技术是模拟人脑对知识处理，并拓展了人在设计过程中的智力活动。

综上所述，提出标准化、构件化、平台化、智能化是实现数字一体化设计的技术路线。构筑物标准化设计是关键，结合构件库，快速建立（装配）参数化设计模型，基于协同设计平台，实现构筑物 BIM 正向设计。

BIM 数字一体化设计充分利用了数字化技术，在建筑项目管理的各个环节中有效地协调和管理各个利益相关者，包括建筑师、工程师、施工人员和业主等。BIM 数字一体化设计可以减少设计反复、缩短工期、节约成本和优化工艺等，实现了建筑设计的高效、精准和智能化管理。

1.1.2　数字一体化设计政策解读

1. 国家政策

2020年7月，住房和城乡建设部等部门发布《住房和城乡建设部等部门关于推动智能建造与建筑工业化协同发展的指导意见》（建市〔2020〕60号）。

文件提出推进数字化设计体系建设，统筹建筑结构、机电设备、部品部件、装配施工、装饰装修，推行一体化集成设计。积极应用自主可控的BIM技术，加快构建数字设计基础平台和集成系统，实现设计、工艺、制造协同。

2. 地方政策

（1）省住房和城乡建设厅关于印发《关于推进江苏省智能建造发展的实施方案（试行）》的通知（苏建建管〔2022〕259号）

普及建筑信息模型（BIM）数字一体化设计，明确数字一体化设计具体要求，加快推进BIM技术在规划审批、施工图设计审查、生产施工、竣工验收、运营维护等全过程应用。推行一体化集成设计，大中型工程、装配式建筑工程全面应用BIM技术，提升BIM协同设计能力，推进建造全过程信息化仿真模拟一体化工程软件开发，构建数字设计基础平台和集成系统。

（2）北京市住房和城乡建设委员会关于印发《北京市智能建造试点城市工作方案》的通知（京建发〔2023〕92号）

鼓励建设单位建立基于BIM与其他信息技术集成的协同工作平台，实现工程项目投资策划、勘察设计、生产、施工、竣工交付、运营维护各阶段的数据传递和信息共享，为智慧城市建设提供技术和基础数据支撑。

推进数字化设计体系建设，统筹建筑结构、机电设备、部品部件、装配施工、装饰装修，推行一体化集成设计。重点依托张家湾设计小镇，推进自主可控的BIM技术应用，提升BIM设计协同能力，鼓励研发数字设计平台和集成系统，实现虚拟建造环境下的设计、生产、施工全面协同。

鼓励企业建立、维护基于BIM技术的标准化部品部件库，明确部品部件分类及识别规则，实现设计、采购、生产、建造、交付、运维等阶段的信息互联互通和协同共享。

鼓励企业研发具有自主知识产权的BIM底层平台软件、系统性软件与数据平台、集成建造平台，推动智能建造基础共性技术和关键核心技术研发、转移扩散和商业化应用。

（3）《深圳市人民政府办公厅关于印发深圳市智能建造试点城市建设工作方案的通知》（深府办函〔2023〕30号）

推广工程项目数字化交付。鼓励智能建造项目采用全过程数字化交付模式（IDD），通过数字技术集成工作流程，实现设计、生产、施工、运维各阶段主体单位高度协同，以及业务和数据的横向联通、纵向贯通。设计阶段，工程项目遵循面向制造和装配的设计（DFMA）理念，利用 BIM 技术进行协同设计，提交符合本市数据存储标准的 BIM 模型；生产阶段将标准化设计的部品部件在生产工厂实现自动化生产；施工阶段采用虚拟设计与施工（VDC）指导部品部件交付、安装及现场监督；竣工验收和档案归档阶段，提交 BIM 竣工模型和数字档案；运维阶段基于 BIM 模型实现工程资产、设备、空间的管理。市建筑工务署、市交通运输局、市水务局、市国资委及各区政府在采用"IPMT+EPC+ 监理"管理模式的智能建造项目中应当探索实施"无图设计、无纸建造、一模到底"的数字化交付模式。前海深港现代服务业合作区探索工程建设数字化交付成果法定化。

（4）《成都市人民政府关于印发成都市智能建造试点城市建设实施方案的通知》（成府函〔2023〕34 号）

坚持标准先行。完善 BIM 应用技术标准，结合实际研究制定民用建筑和市政基础设施在设计审查、施工验收、运营维护等环节应用 BIM 的技术规定；围绕设计、施工工艺、部品部件、监督管理 4 个标准化目标，建设标准化部品部件模型库并逐步完善，提升装配化、标准化水平；结合智能建造示范项目建设，制定数字化设计、智能生产、智能施工相关应用和管理技术标准，探索基于智能建造技术应用的工程计价标准，逐步构建并完善智能建造技术标准体系。

建立基于 BIM 技术应用的全过程管理机制。建设市级 BIM 技术应用管理平台，探索基于 BIM 技术应用的施工图审查、施工、竣工验收、工程资料归档及运营维护管理模式。

鼓励企业集中攻关"卡脖子"痛点，自主研发智能建造相关软件，开发打通设计与生产数字化信息交互的软件，建立设计 BIM 模型与部品部件生产加工的数据通道。

3. 政策解读

从以上政策可以看出，要求以自主可控的 BIM 技术为核心，实现标准化、通用化、集成化、工厂化、模块化、装配化，在规划审批、施工图设计审查、生产施工、竣工验收、运营维护等全过程应用，这是当前数字一体化设计在智能建造中能够发挥的核心价值。信息的互联互通和协同共享至关重要，在数字设计平台和集成系统中实现虚拟建造环境下的设计、生产、施工全面协同，推进建造全过程信息化仿真模拟一体化是数字一体化设计力求达到的目标。

1.1.3 数字一体化设计技术目录

按相关政策规定，应当实施装配式建筑的建设项目，应采用标准化设计。须遵循"少规格、多组合"的原则，通过套型、连接构造、部品部件、模块及设备管线的标准化设计及相互之间灵活的协调配合，减少部品部件、模块的规格种类，提高部品部件、模块生产模具的重复使用率，利于部品部件、模块的生产制造与施工安装，实现建筑及部品部件的系列化和多样化。

1. 自主可控的 BIM 软件

软件应基于自主可控的 BIM 图形平台,适用于建设工程全部或部分专业专项的设计。

自主可控的 BIM 图形平台基于高效图形引擎技术、轻量化图形引擎技术、高效数据库技术等,具备基础数据结构与算法、数学运算、建模元素、建模算法、大体量几何图形的优化存储与显示、几何造型复杂度与扩展性、BIM 几何信息与非几何信息的关联等核心技术。软件在自主可控 BIM 图形平台上进行开发,包括建模、分析、模拟、演示等功能,满足 BIM 设计要求;可扩展用于施工阶段对工程的进度、成本、质量等进行管控,扩展用于运维阶段对设备设施、空间、资产等进行管理。

2. 构件库平台

平台适用于各类建设工程 BIM 设计,为开展高效便利的 BIM 设计提供 BIM 构件资源。

平台通过建立标准化、通用化构件资源库,使构件成为标准化设计、生产、运输和安装的基础单元,实现基于统一系统上的跨专业、多用户交互操作及数据集成更新。平台具有符合国家 BIM 相关标准及设计需求的构件资源,具备 BIM 构件的管理、下载、复制、编辑及构件属性批量添加、赋值等功能,能够满足 BIM 模型交付要求。

3. 面向制造和装配的设计

相关技术适用于装配式建设工程项目设计、生产、施工安装一体化全流程设计。

相关技术是通过在设计阶段充分考虑部品部件、模块制造和现场装配的要求,结合人工智能、云计算、参数化设计等技术,实现基于制造和安装的设计;将设计成果应用于工厂生产加工,指导部品部件、模块的高效生产,以及对接现场施工管理,促进部品部件、模块的快速安装,有利于提升装配式建设工程项目标准化设计和建造水平。

4. 人工智能设计

相关技术适用于建设工程项目方案设计、初步设计或施工图设计等阶段,自动完成部分设计工作。

相关技术主要结合人工智能算法、大数据、云端算力等能力,提供图纸识别建模、既有场地强排、建筑识别建模、建筑户型图智能设计、机电智能布置、结构智能配筋、建筑标准层智能生成、电气灯具智能设计、喷淋系统智能设计、暖通风机盘管智能设计、地下车位智能设计、设备选型衍生设计、管线综合智能排布等功能,基于数据及算法驱动生成的设计场景方案为设计人员提供参考,提升设计质量和效率。

5. 基于 BIM 的设计协同软件

软件适用于建设工程项目设计过程中的多主体、多专业 BIM 设计协同与管理。

软件应与目前主流的二维设计软件、三维设计软件深度集成，具有设计提资、图模会审、云端管理、轻量化浏览、在线批注等功能。软件可有效整合设计资源，准确表达设计意图，减少设计错误，允许项目团队在工程设计或文档编制过程中，随时随地做出更改或修订，修改结果会在整个项目的各个专业、各个环节中实时显示，通过BIM三维工程模型高效进行多专业协同，替代重复的人工协调与检查环节，提升整体工作质量。

6. 设计成果智能审查软件

软件适用于审查建设工程项目设计文件是否符合国家、地方相关标准规范以及法规政策等要求。

软件具有文件上传、在线查看、在线智能审查、在线批注、快速定位、出具审查意见等功能。软件基于输入的建设工程项目设计文件，通过内置建筑、结构、电气、暖通、给水排水、消防、水利等专业工程建设标准条文、法规政策文件相关审查算法，对设计文件进行自动化审查，出具审查意见，供项目单位修改完善。基于BIM的智能审查软件应实现二三维联审。

 学习小结

通过本节的学习，可以了解数字一体化设计的基本概念，明确它是BIM正向设计的增强模式，需要践行标准化、构件化、平台化、智能化的技术路线，需要推进自主可控的BIM软件研发，完善BIM标准体系，建立BIM云服务平台，保障信息安全。

知识拓展

 案例分享

自主可控国产软件思政案例（附二维码）。

自主可控国产软件思政案例

 学习资源

1. 医院项目设计施工一体化应用（附二维码）；
2. 文化宫木结构动画（附二维码）；
3. 某未来建筑研发中心项目视频（附二维码）。

医院项目设计施
工一体化应用

文化宫木结构
动画

某未来建筑研发
中心项目视频

习题与思考

习题参考答案

1. 填空题

（1）BIM 技术具备_____、_____、_____、_____、_____五大特点。

（2）正向设计（Forward Design），是直接构建_____，并由其生成_____设计交付物的一种设计方式。

2. 问答题

（1）数字一体化设计具备哪些特点？

（2）自主可控的 BIM 软件需要具备哪些核心技术？

3. 讨论题

（1）根据你的学习，你觉得数字一体化设计应该在智能建造的哪些方面发挥更大的作用？

（2）上网搜索国家关于智能建造的纲领性文件及各地出台的相关配套政策，梳理涉及数字一体化设计的内容，分组讨论其中的重点难点。

（3）面对数字一体化设计的大力推广与快速发展，相关专业的学生如何进行学习与职业规划，积极行动迎接挑战？

1.2　数字一体化设计评价

教学目标

一、知识目标

了解数字一体化设计实施评价内容。

二、能力目标

1. 能够自行对工程数字一体化设计实施措施和效果进行评估；

2. 能够策划数字一体化设计实施方案。

三、素养目标

1. 提升职业素养，使学习者切实理解数字一体化设计的内涵；

2. 能对数字化设计成果进行分析和使用，增强项目技术管理水平。

学习任务

深入了解数字一体化设计的内容，能自行评估实施效果，具备一定的数字化设计策划能力。

建议学时

2 学时

思维导图

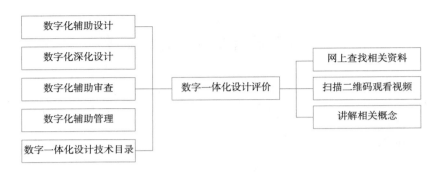

1.2.1 评价的意义、方法和目的

1. 评价的意义

基于建筑信息模型的数字一体化设计的应用和推广，是一个由点到线、由线到面的过程，也是一个技术和成果不断迭代升级的过程。在这个过程中，需要对每一项工程、每一个专业、每一个环节等所应用的工程技法、实际投入、实际成效等因素进行比较、分析、再评估，筛选出先进的技法和示范应用，实现整个行业的良性技术迭代和推广。

了解和掌握各个评价指标和标准，有助于从业者整体了解数字一体化设计的内容和作用，作为策划数字一体化设计的依据；在项目完成后，能够自行对项目应用情况做全方位的自评估，有利于推动项目整体验收。

2. 评价的方法

数字一体化设计的应用评价，涉及范围、专业、工程阶段、软硬件技术等，难以采用单一的量化指标，需采用综合评价。不同的评价对象各有特色，采用综合评价，可以获得一个全面客观的评估结果；针对不同的目的，可以采用不同的综合评价方法，或者采用同一评价方法，但设置不同的权重系数。

不同地域、不同类型、不同时间阶段的项目，可能面临不同的评价标准。在项目策划阶段，一定要收集各方资料，确定拟采用的评标标准。

1.2.2 数字化辅助设计的评价

数字化辅助设计评价以辅助设计模型为对象，理想状态如下：

（1）模型应涵盖项目所有单体及地下室；

（2）模型需包含建筑、结构、机电等全专业；

（3）模型质量需满足相关 BIM 标准；

（4）全专业施工图需由模型导出。

1. 辅助设计的内涵和外延

工程设计一般分为方案设计、初步设计和施工图设计三个阶段。建筑工程主体专业可分为建筑、结构、建筑电气、给水排水、供暖通风与空气调节、热能动力、预算等。专项设计包括建筑幕墙、基坑工程、建筑智能化、预制构件加工图、室内精装修、标识、泛光照明、绿色建筑等。

数字化辅助设计就是利用以建筑信息模型为中心的数字化设计工具，辅助各专业设计师优化设计，包括三维场景建模、碰撞检查、管线综合优化、空间功能评价、系统优化等，从而帮助设计师提升设计服务，最终提高设计成果质量。

2. 辅助设计主要评价指标

（1）采用建筑信息模型的工程主要专业数量

考察被评价项目使用数字化设计技术的专业占比。有的工程仅部分专业采用建筑信息模型，有的专业全部专业采用建筑信息模型，以其数量或比例大小进行评价。评价标准可参照表 1-1：

专业数量评价   表 1-1

序号	专业	是否采用辅助设计	评价标准
1	建筑	是 / 否	专业占比 = "是"的数量 / 项目专业数量； 专业占比 ≥ 0.8，优； 0.8> 专业占比 ≥ 0.6，良； 0.6> 专业占比 ≥ 0.4，中； 0.4> 专业占比 >0，差； 专业占比 =0，无
2	结构	是 / 否	
3	建筑电气	是 / 否	
4	给水排水	是 / 否	
5	供暖通风与空气调节	是 / 否	
6	热能动力	是 / 否	
7	预算	是 / 否	
8	其他	是 / 否	
	专项		
1	建筑幕墙	是 / 否	专业数量 ≥ 4，优； 4> 专业数量 ≥ 2，良； 2> 专业数量 ≥ 1，中； 专业数量 =0，无
2	基坑工程	是 / 否	
3	建筑智能化	是 / 否	
4	预制构件加工图	是 / 否	
5	室内精装修	是 / 否	
6	标识	是 / 否	
7	泛光照明	是 / 否	
8	绿色建筑	是 / 否	
9	其他	是 / 否	

（2）建筑信息模型的使用范围

考察被评价项目使用数字化设计技术的范围占比或面积占比。

一个工程包括各个单体、地下室、附属用房、红线内室外场地、红线外环境和市政条件等，见表1-2。

范围占比评价 表1-2

序号	专业	是否采用辅助设计	评价标准
1	单体	是/否	全部：优； "单体"+"地下室"：良； "单体""地下室"缺任何1项：中； 其他：差 无：无
2	地下室	是/否	
3	附属用房	是/否	
4	红线内室外场地	是/否	
5	红线外环境和市政条件	是/否	
6	其他	是/否	

（3）建筑信息模型质量是否满足国家、地方或协会制定的相关标准

考察被评价项目对应执行标准的执行情况。项目实施方案应列出本项目应执行的规范或标准清单。当对项目进行评价时，应当对列出的标准清单进行实质性审查，评价标准落实情况。

根据情况，分别给予优、良、中、差四个等级，综合评价取其平均值。

平均值计算方法：优、良、中、差分别赋值5分、4分、3分、2分。各项平均值按四舍五入取整，按5分、4分、3分、2分确定优、良、中、差等级。

（4）建筑信息模型与设计文件的一致性

建筑信息模型与设计文件的一致性可以从多个方面进行评价，如范围、模型准确度、模型精细度、设计文件的各类标注文字均在模型中予以体现等。正向设计完成的设计文件，可以认为具备相当高的一致性。举例来说，经过碰撞检查及管线综合排布后的模型，其各机电专业管道尺寸、敷设路由、材质、坡度、坐标、管件配置等是否与设计文件一致。

根据情况，分别给予优、良、中、差四个等级，综合评价取其平均值。

1.2.3 数字化深化设计的评价

数字化深化设计是指结合施工现场实际情况，对图纸进行细化、补充和完善。要求：

（1）提交内容应包括土建结构深化设计、钢结构深化设计、幕墙深化设计、机电深化设计（暖通空调、给水排水、消防、强电、弱电等）、精装修深化设计、景观绿化深化设计等；

（2）综合深化设计对各专业深化设计初步成果进行集成、协调、修订与校核，形成综合平面图、综合管线图，保持各专业协调图纸一致；

（3）设计指导施工，提供设计成果交底和过程资料。

1. 深化设计的内涵和外延

由设计单位出具的设计文件的深度一般均满足施工图设计文件深度要求，但施工单位或专项工程承包单位还需结合现场条件、施工工艺、实际订货的设备与材料、工期要求等进行深化设计，对设计单位的设计文件进行细化、补充和完善。

2. 深化设计主要评价指标

（1）深化设计的专业

考察数字化深化设计的专业数量或项数占比。

施工单位或专项工程承包单位的深化设计内容通常包括土建钢筋深化、二次结构深化、幕墙深化、机电深化（暖通空调、给水排水、消防、强电、智能化等）、精装修深化、景观、基坑支护、海绵城市、可再生能源等。

（2）综合深化设计成效

考察多专业综合深化设计对工程质量、工期、成本的优化，包括专业间碰撞检查、净高分析等实际成效。

综合深化设计是对各专业审核设计初步成果进行集成、协调、修订与校核，形成综合平面图、综合管线图，保持各专业协调图一致。

根据情况，分别给与优、良、中、差四个等级，综合评价取其平均值。

（3）施工过程和结果与设计文件的一致性

考察数字化设计成果对施工指导的落实程度：1）严格按照施工模拟方案施工，竣工与模型完全一致，基本无差异，为优；2）大致施工模拟方案施工，竣工与模型完全基本一致，个别节点或局部有差异，为良；3）制定施工模拟方案，但未按方案施工，竣工与模型个别明显不一致，为中；4）未制定施工模拟方案，模型未用于指导施工，为差。

1.2.4 数字化辅助分析的评价

数字化辅助分析评价以辅助分析手段和相应的性能化分析报告为对象，常见的数字化辅助分析包括：

（1）碳排放指标测算；

（2）热环境分析；

（3）光照模拟分析；

（4）流体力学分析；

（5）结构性能化分析；

（6）能耗分析；

（7）消防性能化分析；

（8）与建筑功能有关的其他分析。

1. 辅助分析的作用

数字化辅助分析是借助数字化技术对设计对象的性能、指标或部分特性进行模拟和评估，验证设计文件能否达到相应要求。

2. 辅助分析主要评价指标

（1）辅助分析项的数量：碳排放指标测算、热环境分析、光照模拟分析、流体力学分析、结构性能化分析、能耗分析、消防性能化分析等；

（2）每项辅助分析结果的科学性、有效性、完整性；

（3）每项辅助分析结果是否用于优化设计；

（4）优化设计后评估。

根据情况，以上各项分别给予优、良、中、差四个等级，综合评价取其平均值。

1.2.5　数字化辅助审查的评价

数字化辅助审查需提交基于软件自动生成的审核报告。要求：

（1）对设计图纸进行智能辅助审查，包括建筑审核、结构审核、机电审核；

（2）审核内容包括模型质量和设计质量：

1）模型质量：模型命名、构件命名、构件完整度、构件精细度等；

2）设计质量：碰撞问题、净高问题、规范问题、可施工问题、运维问题等。

（3）审核范围应包含项目所有部分。

1. 辅助审查的依据

（1）国家、地方各专业的设计规范、标准；

（2）建设单位提供的设计任务书；

（3）项目建筑信息模型应用标准文件；

（4）其他设计相关资料和条件。

2. 辅助审查主要评价指标

（1）参与审查的专业是否齐全；

（2）审查意见书是否完整、详细地记录；

（3）审查意见是否及时发出并得到反馈；

（4）审查意见是否均已在设计文件中落实；

（5）使用数字化图审技术进行 BIM 规划报建、BIM 施工图图审工作或在报建、图审前具备数字化图审条件；

（6）模型质量是否满足项目实施方案的要求；

（7）模型命名、构件命名、视图命名等是否规范；

（8）文件组织是否合理；

（9）构件完整度、构件精细度等是否满足标准及应用需求；

（10）性能化分析结果是否用于优化设计；

（11）其他审查内容。

根据情况，以上各项分别给予优、良、中、差四个等级，综合评价取其平均值。

1.2.6　数字化辅助管理的评价

项目应用协同管理评价是对协同管理平台功能和实际利用情况进行评价，平台基本功能包括：

（1）模型可视化浏览；

（2）图档集中管理；

（3）项目成员之间设计动作协同或管理流程协同。

多数平台都具有上述功能，所以评价的重点是设计人员实际利用平台的情况。

1. 项目协同管理平台的基本功能

辅助管理最有力的工具是项目应用协同管理平台。基于 BIM 技术的协同管理平台，是指将 BIM 技术引入协同管理平台，利用 BIM 技术对项目的各参与方及专业进行统一协调，通过协作配合以及资源共享，以期达到项目计划目标的最终实现，以 BIM 数据为核心、以 BIM 模型为数据载体，涵盖规划、设计、招采、施工、验收、运维全过程。

2. 辅助管理主要评价指标

（1）是否采用了数字化辅助管理平台；

（2）平台集成化程度：功能、角色、模型、图纸等管理等；

（3）管理平台功能是否满足本项目实际需求；

（4）平台是否实际投入使用并发挥实效；

（5）协同管理平台功能是否完善：1）模型可视化浏览；2）图档集中管理；3）项目成员之间设计动作协同或管理流程协同。

根据情况，以上各项分别给予优、良、中、差四个等级。

学习小结

完成本节学习后，读者应该学会自行对工程数字一体化设计实施措施和效果进行评估，并策划数字一体化设计实施方案。

 案例分享

教学案例——某项目 BIM 实施方案（附二维码）。

某项目 BIM
实施方案

知识拓展

 学习资源

江苏省智能建造评价概述（附二维码）。

江苏省智能建造
评价概述

习题与思考

习题参考答案

1. 单选题

（1）数字一体化设计评价方法，通常采用（　　　）的评价方法。

A. 市场评价　　　　　　　　　　B. 单一指标

C. 综合评价　　　　　　　　　　D. 综合量化评价

（2）属于数字化一体化辅助设计的是（　　　）。

A. 幕墙方案设计　　　　　　　　B. 精装修节点设计

C. 光照模拟分析　　　　　　　　D. 项目协同平台开发设计

2. 问答题

（1）数字化辅助管理的评价指标有哪些？

（2）简述数字深化设计的评价要点是什么。

第 2 章

数字一体化设计协同管理

2.1 平台管理

教学目标

一、知识目标

1. 了解协同平台的功能模块；

2. 了解协同平台基本功能的实现效果。

二、能力目标

1. 能依据不同阶段、不同参与方的建筑信息模型应用要求选择合理的平台；

2. 能通过平台查看、分析、审核项目的进度、成本等数据，为项目决策提供支持。

三、素养目标

1. 能够适应行业变化和变革，具备信息化的学习意识；

2. 具备发现解决方案的能力，能学会全面思考，举一反三；

3. 能够了解我国建筑信息化平台的发展趋势，坚定理想信念。

学习任务

主要了解协同管理的概念、原则和方法，掌握协同管理平台的基本功能，熟悉协同管理平台中的各种工具。

建议学时

6 学时

思维导图

2.1.1 概述

协同管理平台是以项目管理、工作协作和业务管理为核心，支持 WEB、客户端和手机端三类应用场景，提供项目协同和生产等一体化集成的项目管理平台。

协同管理包括资料管理、模型管理、进度管理、成本管理、质量管理、安全管理等功能，可以帮助企业在项目管理中复制成功的项目经验，不断完善自己的项目体系，不断提高质量水平，将项目从粗放管理迈向精细化、敏捷化管理。

协同管理平台基本框架如图 2-1 所示。

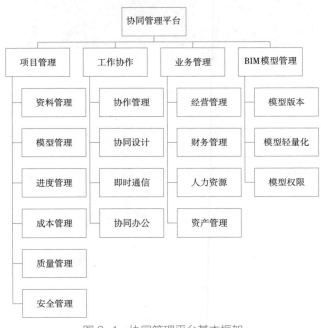

图 2-1　协同管理平台基本框架

2.1.2 资料管理

1. 集中管理

资料管理是指将项目相关的所有资料集中存储在一处，便于各个团队的成员快速查找和共享。这是协同管理平台的一个重要优势。

在建筑项目中，不管是在设计，还是在施工或运维阶段都需要方便、快捷地查找到所需要的资料文件。若图纸存储分散，项目各团队之间会存在信息孤岛，容易引发沟通错误和协调不良。

所以协同平台上都是建立资料标准化规则后进行集中管理，如图 2-2 所示。用户可以将文档上传到平台上，以便于其他用户查看和使用，并且可以通过平台提供的图形化界面进行查询、修改、分享等操作，从而提高团队的效率和协同能力。

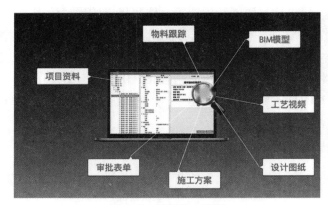

图 2-2　资料集中管理

2. 文档权限管理

对项目资料实行集中管理后，同时也需为文档设置合适的属性和权限，以便于其他用户查看和使用，如图 2-3 所示。项目资料文档权限分为以下几种：

（1）查看权限：管理员可以对文档的查看权限进行设置，包括所有人可见、指定用户可见等。

（2）修改权限：管理员可以对文档的修改权限进行设置，包括所有人可修改、指定用户可修改等。

（3）下载权限：管理员可以对文档的下载权限进行设置，包括所有人可下载、指定用户可下载等。

（4）打印权限：管理员可以对文档的打印权限进行设置，包括所有人可打印、指定用户可打印等。

（5）共享权限：管理员可以将文档分享给其他用户或用户组，并设置分享后的权限。

除了上述权限设置外，协同平台还可以生成详细的权限操作日志，记录每个用户对文档的操作记录，管理员可以随时查看这些记录并进行管理。通过平台的文档权限管理功能，可以帮助管理员对文档进行精细的管理和控制，确保资料的安全性和机密性。

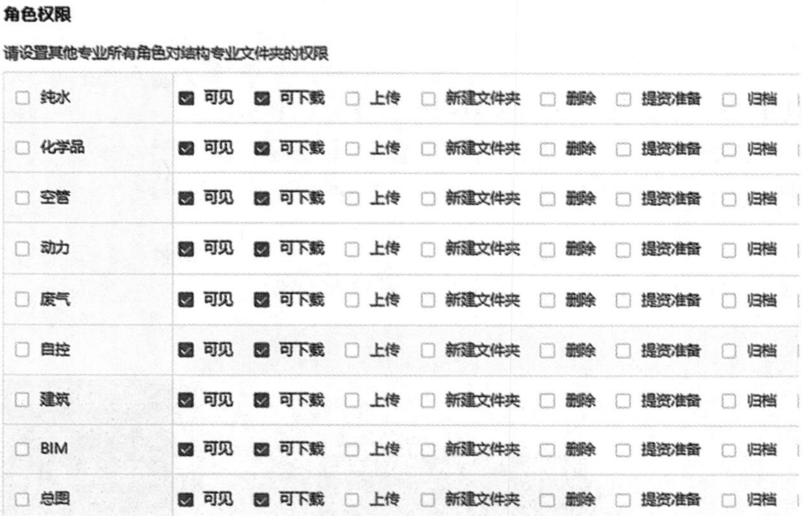
角色权限

请设置其他专业所有角色对结构专业文件夹的权限

☐ 纯水	☑ 可见	☑ 可下载	☐ 上传	☐ 新建文件夹	☐ 删除	☐ 提资准备	☐ 归档
☐ 化学品	☑ 可见	☑ 可下载	☐ 上传	☐ 新建文件夹	☐ 删除	☐ 提资准备	☐ 归档
☐ 空管	☑ 可见	☑ 可下载	☐ 上传	☐ 新建文件夹	☐ 删除	☐ 提资准备	☐ 归档
☐ 动力	☑ 可见	☑ 可下载	☐ 上传	☐ 新建文件夹	☐ 删除	☐ 提资准备	☐ 归档
☐ 废气	☑ 可见	☑ 可下载	☐ 上传	☐ 新建文件夹	☐ 删除	☐ 提资准备	☐ 归档
☐ 自控	☑ 可见	☑ 可下载	☐ 上传	☐ 新建文件夹	☐ 删除	☐ 提资准备	☐ 归档
☐ 建筑	☑ 可见	☑ 可下载	☐ 上传	☐ 新建文件夹	☐ 删除	☐ 提资准备	☐ 归档
☐ BIM	☑ 可见	☑ 可下载	☐ 上传	☐ 新建文件夹	☐ 删除	☐ 提资准备	☐ 归档
☐ 总图	☑ 可见	☑ 可下载	☐ 上传	☐ 新建文件夹	☐ 删除	☐ 提资准备	☐ 归档

图 2-3 文档权限管理

2.1.3 模型管理

1. 模型管理基本要求

协同平台提供清晰的界面，使用户能够轻松地在客户端或移动端查看模型及构件属性。这包括但不限于模型名称、规模、构件数量、构件类型等。并且能够支持过滤和搜索功能，使用户能够根据特定的属性或标准来查找和查看特定的模型或构件。

（1）模型格式要求

平台需要支持各种主流的 3D 模型格式，如“.rvt”“.ifc”“.fbx”“.nwd”等，以提高用户体验和兼容性。

（2）模型的版本及版次

在协同管理平台进行项目策划时，需要针对每个项目约定模型创建的软件、版本（如 Revit2020），如果存在不同主体间的模型整合管理，需要约定通用模型管理格式，如“.ifc”或“.nwd”等。

在工程设计、施工过程中，模型会不断进行更新完善，这需要制定版次管理标准，以防止模型协作、传输、归档过程中出现错误。

（3）模型管理权限

制定模型管理权限，包括权限的级别、权限的限制和权限的审批以及权限的审核等，如图 2-4 所示。在权限管理上，需要合理规定模型管理人员的权限，制定相应的管理流程，并按照权限系统进行管理和监控。

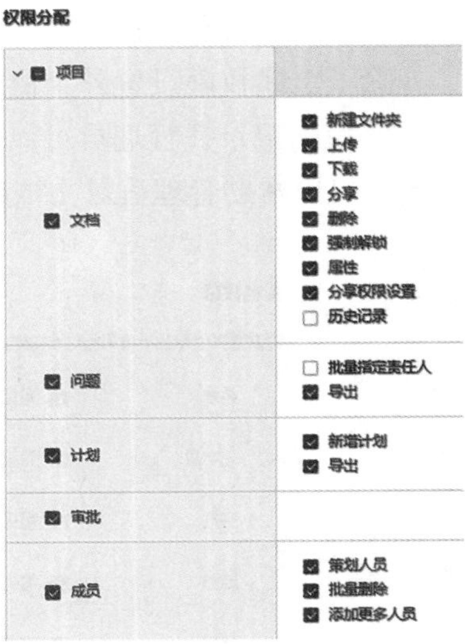

2. 模型轻量化

用户应能够通过平台客户端或移动端进行模型的转动、平移、缩放操作。这需要平台的界面设计直观易用，同时支持鼠标、触摸屏和键盘的操作，如图 2-5、图 2-6 所示。

（1）协同平台提供剖切功能，使用户能够查看模型内部的细节。

图 2-4　模型权限管理

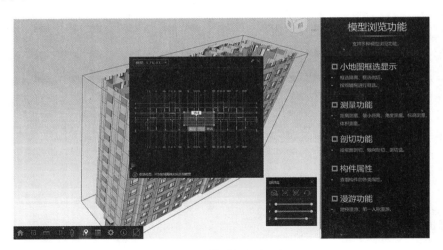

图 2-5　模型查看（一）

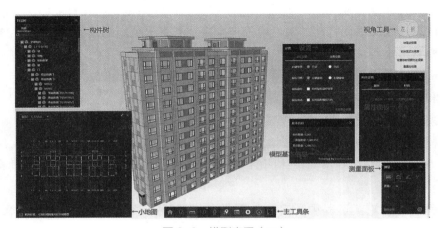

图 2-6　模型查看（二）

（2）协同平台具有测量工具，允许用户测量模型的各个部分，如长度、面积和体积等，并显示出来。

（3）协同平台能够对模型进行标注，如添加文本、箭头、高亮等，以方便在协作过程中进行交流。

2.1.4　进度管理

1. 进度模型创建

一般情况下，可以通过手动或自动等方式建立施工计划中任务与模型的关联关系，形成 BIM 进度模型。由于实际工程中 BIM 模型构件数据量较大，且项目工程一般会产生较多设计、进度变更，因此采用手动方法建立 BIM 进度模型的工作量很大，这是影响 BIM 4D 技术应用与推广最大的难点。所以，自动关联进度信息是进度模型创建的关键技术支撑。目前，主流协同管理平台基本已具备半自动生成 BIM 进度模型的能力，如图 2-7 所示。当 BIM 模型局部变化时，该方法可更新施工任务与构件的关联关系，从而保证 BIM 进度模型准确性和及时性，减少构件与施工任务关联工作量达 50% 以上，大幅提高 BIM 进度模型创建的效率。

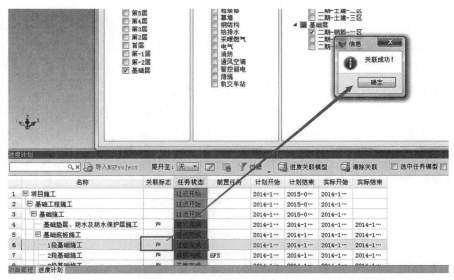

图 2-7　进度计划与模型关联

2. 实际进度录入

实际进度录入应利用物联网、智能设备等技术，将各分部分项工程的实际进度信息录入 BIM 模型，即可支持实际进度集成管理。施工现场管理人员可便捷地应用智能移动端设备实时录入进度，如图 2-8 所示。进度录入时可通过扫描身份牌或选择对应的专业、楼层、施工任务，然后选取当前施工状态（例如：未开始、土建施工中、浇筑混凝土完成、验收完成状态等），还可上传现场的照片、施工文档作为施工进度状态附件。针对 PC 结构、钢结构、机电管线等部品化构件，可以针对每个构件录入实际进度，支持精细化进度管理。通过施工现场应用移动端录入实际进度，现场管理人员可以在办公室电脑中，通过在三维视图选择构件录入每个构件完成进度和状态，通过色彩区分单个构件完成的部分和未完成部分，从而获得精确的施工进度（图 2-9），同时还可支持产值计报等造价管理。

图 2-8　施工现场应用移动端录入实际进度

图 2-9　实际进度展示

3. 施工进度模拟

基于 4D 模型，可以按不同的时间间隔对施工进度进行模拟，形象反映施工计划和实际施工进度。在 3D 图形平台中，根据施工进度展示各个施工段或构件的施工顺序，通过设置不同颜色和可见性显示模型构件的状态，直观地展现施工状态，并显示施工任务的开始时间、责任单位、工作内容和注意事项等信息，辅助施工管理。进行 4D 施工模拟时，用户可以根据实际工程进展实时调整和控制施工进度计划，相关模拟过程和统计结果也随之改变，如图 2-10 所示。

4. 施工进度对比分析

由于录入了实际进度信息，则可以基于 BIM 模型实时对比实际进度和计划进度。通过平台可以在三维视图中直观展示未开始任务、按时完成任务、滞后完成任务以及滞后开始任务等，方便业主、总承包单位等各项目参建方进行进度分析并安排后续施工任务，如有较大偏差，及时调整施工进度。进度集成管理平台支持选取不同的时间段、单位工程、专业以比较不同时间、不同专业的工程实际进度，支持多层次、多角度的进度对比分析，如图 2-11 所示。

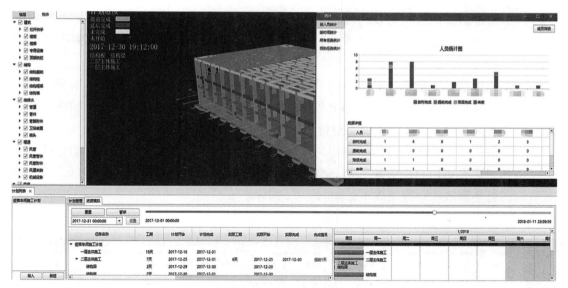

图 2-10 施工进度模拟

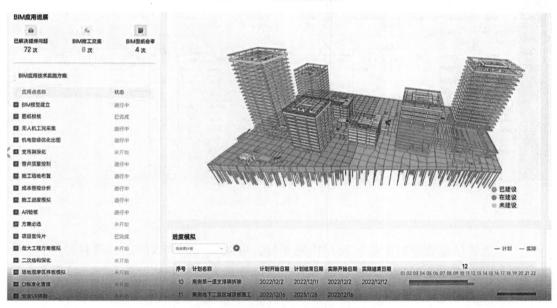

图 2-11 计划进度与实际进度对比

2.1.5 成本管理

1. 造价信息管理

（1）造价信息的来源：在协同平台中，造价信息可以来自多个来源，例如项目成员上传的项目信息、平台自动收集的市场信息以及平台数据库中的历史成本信息。这种多元化的信息来源有助于获取更全面和准确的造价信息。

（2）造价信息的分类：在协同平台上，可以将造价信息分类并存储在不同的区域或数据库中，例如直接成本、间接成本、预计成本和实际成本。用户可以根据需要快速地找到并使用相关信息。

（3）造价信息管理的工具：协同平台本身就是一个强大的造价信息管理工具。它可以自动收集和更新信息，进行数据分析和可视化，生成报告，以及提供共享和协作的功能。使用协同平台，可以大大提高造价信息管理的效率。

（4）造价信息管理的流程：在协同平台上，造价信息管理的流程可以自动化和标准化。例如，平台可以自动收集和更新信息，用户可以通过平台共享和讨论信息，而管理者可以通过平台监控和控制成本，如图 2-12 所示。

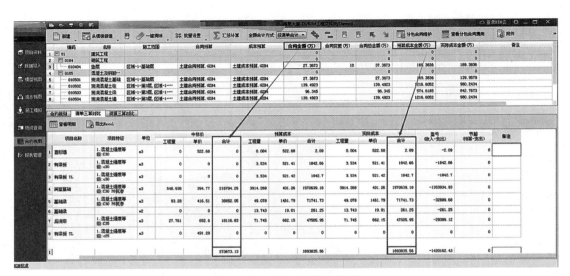

图 2-12　造价成本信息管理

（5）造价信息管理的策略：利用协同平台，可以实现更有效的成本控制和预测。例如，平台可以提供实时的成本监控和预警，帮助管理者及时调整资源和行动。平台也可以提供历史数据和预测工具，帮助用户预测未来的成本。

2. 成本统计

协同平台通过自动获取 BIM 模型的工程量信息，可以为成本估算提供依据。这个过程大大提高了准确性和效率，避免了手动测量和计算可能产生的错误。在平台内构建企业定额，可以生成项目成本。

3. 阶段成本管控

（1）事前控制。首先，基于 BIM 3D 模型对设计方案进行检查，排查出存在的冲突碰撞问题，如果存在问题，在第一时间就与业主、设计单位沟通，商量制定方案解决问题，进而优化完善模型。其次，用优化后的模型完成算量，明确各分项工程的工程量；最后，设计施工方案，并选出最佳方案，进而编制施工进度计划。BIM 5D 预算模型是事前控制这一阶段的主要成果。

（2）事中控制。首先，在施工正式开始之前，模拟日计划、周计划、月计划中的施工任务，以发现在施工过程可能出现的问题，并提前制定解决方案，用来指导现场施工，严格保证按进度施工；其次，根据施工工作分解结构，统计项目的成本信息数据，从而构建实际的 BIM 5D 模型；最后，比较 BIM 5D 的实际模型与计划模型，保证工程项目按照计划进度执行，一旦实际与计划发生偏差，就利用进度分析方法找出偏差产生的原因，进而提出解决偏差的方案。BIM 5D 实际模型和解决偏差是事中控制这一阶段的主要成果。

（3）事后控制。在分项工程或整个项目结束后，根据结果分析项目的成本盈亏、计划与实际的偏差，并进行总结，进而对项目实施过程中的成本和进度管理方案进行完善补充。BIM 5D 技术可以深层次分析出成本产生偏差和成本盈亏的原因，因为通过它可以将成本控制的维度细分到分项、楼层、施工面、构件等层级，这有利于从根本上进行成本控制，做到动态控制成本。

4. 成本分析

协同成本可以实时监控项目的成本变化情况，包括核算与预计的成本差，成本缩减的效果等。用户将相关数据导入平台后，平台可根据用户定义的分析规则生成成本分析图（图 2-13），有助于项目各方实时了解项目的成本及资金情况。

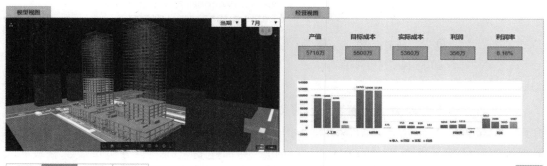

序号	费用类别	费用名称	完成产值	目标成本	实际成本	利润	利润率	待发生成本	预计总成本	预计盈亏	预警状态
1	材料费	砼（正负零以上）	2000	2000	2504	-504	-30.15%	5000	7504	-20%	●
2	材料费	砼（基础以上至正负零）	902	902	872	32	3%	0	1054	2%	●
3	材料费	砼（基础部分）	1855	1855	1935	-79	-4.27%	0	1935	-15%	●
4	材料费	钢筋	5300	4900	4950	350	6.6%	4300	9240	7%	●
9	材料费	砌体	97.89	97.89	97.89	-16.11	-16.46%	227	325	-10%	●
10	材料费	扣件租赁	93.74	93.74	107.99	-14.25	-15.21%	276	383	-5%	●

图 2-13　成本对比分析

2.1.6 质量管理

1. 质量巡检

在项目实施过程中，发现质量问题时，充分发挥 BIM 模型的作用，完成信息通知、发送和记录等工作，做好现场质量问题记录，并向责任人发送相关信息，落实整改，如图 2-14、图 2-15 所示。整改完成后通知问题创建人验收，验收合格后直接关闭问题；验收不合格，通知整改人重新整改。

图 2-14 质量问题统计　　　　图 2-15 工序验收管理

在协同管理平台质量巡检模块中，可以配合项目在施工过程中的周检、月检等相关检查。质量检查方面充分利用移动设备拍照的方式落实项目安全检查，在实践中可结合现场实际情况，选择适宜的 BIM 模型部位，并描述安全问题、分包单位、整改人及整改时限要求，向相关责任人说明信息，做好现场安全问题记录，将相关信息发送给责任人，并由其进行整改。

实测实量项目时，可利用手机对测量数据进行快速记录，并借助 BIM 模型，快速选择测量部位，可填写详细部位说明，选择测量项目及详细的测量内容后，系统可自动带出测量说明、计算点、合格标准内容，选择图纸可进行测量标记，还可对现场测量过程进行拍照记录。系统可通过填写的测量数据自动计算出合格率，当有不合格测量记录时可直接发起问题整改流程，发送责任人进行整改，整改完成后可进行复测。它可以自动测量相关数据，反馈回系统，系统自动进行统计分析。这样能够在保证工程质量的同时提高工作效率。

2. 质量分析

施工质量分析技术是借助词频分析技术、数据挖掘技术等将质量平台管理系统中累计的质量问题数据进行深度挖掘和分析，实时量化统计施工现场不同单位或专业发生质量问题的情况，为施工现场管理人员提供现场施工质量情况、尚未处理的问题数量、各专业问题整改的及时性、各专业质量整改能力等有用数据。如图 2-16 所示，通过统计分析施工单位质量管理人员可以评估项目上不同专业分包或不同单位工程的质量监督和管理情况。

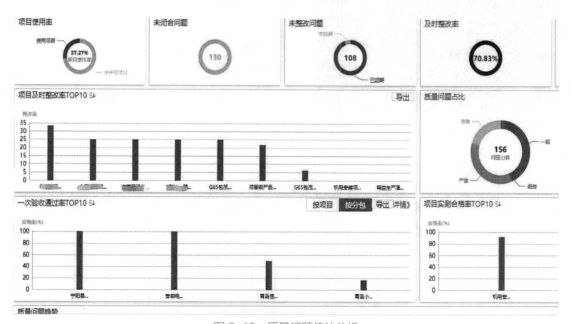

图 2-16 质量问题统计分析

2.1.7 安全管理

1. 隐患排查

协同平台安全管理目标之一是实现对隐患进行检查并处理。平台可内置常规安全隐患库，经过"排查 - 整改 - 复查"闭环流程对重大隐患自上而下督办，充分利用移动端

APP 拍照的方式落实项目安全检查，在实践中可结合现场实际情况和 BIM 模型描述安全问题，发送至项目负责人处，如图 2-17 所示。在接到安全隐患待整改任务书后，由检查人员对项目实施情况核查，填写项目整改复核单，拍照记录。同时也可以查看安全台账，过程中可通过多维度对数据进行分析。

图 2-17　隐患检查记录

2. 分级管控

协同平台安全管理另一个主要目标是将风险分级管控。在安全问题上往往需要企业自上至下的共同管理。公司导入风险源库，可通过下载模板后根据模板填写相应内容，再导入系统，支持后期更新、删除类别条目。模板导入后可根据等级设置不同的颜色显示。导入后，企业下属所有子公司及项目均可查看。项目明确风险源后，可设置风险源的排查周期等信息，设置完成后排查人可在有效期开始后自动收到排查任务信息。

3. 危险性较大的分部分项工程（简称危大工程）

项目层根据企业库的类别新增危大工程，协同平台提供完善的危大工程管控任务库，若与重大风险源关联过，则在新增时可自动带出；系统根据选择危大工程的范围及 BIM 模型形态自动判断出是否属于超过一定规模的危大工程，若超过一定的规模，则在方案的阶段流程中会自动提示需要专家论证。如图 2-18 所示，项目人员登录移动端 APP 后，打开危大工程点击危大任务可查看现场的管控任务，可以筛选查看自己的管控任务，并点击进行检查，根据业务动作自动生成危大工程台账，快速归集危大工程管理资料。

在施危大工程	本月危大工程导致隐患数量	本月危大工程排查覆盖率
7	2	42.86%

序号	组织/危大工程类别	危大工程	施工部位	责任人
∨	总承包公司			
∨	河南项目			
1	模板工程及支撑体系 混凝土模板支撑工程 搭设高度 5m及以上，或搭…	高支模1 演示识别于：2019-11-27	单体，单体》首层	zhangh
2	模板工程及支撑体系 混凝土模板支撑工程 搭设高度8m及以上，或搭… 超危	测试1 演示识别于：2019-11-27	单体》首层, 26#楼	张建, zhangh
3	模板工程及支撑体系 混凝土模板支撑工程 搭设高度8m及以上，或搭… 超危	高支模2 演示识别于：2019-11-27	26#楼	zhangh
4	模板工程及支撑体系 混凝土模板支撑工程 搭设高度8m及以上，或搭… 超危	高支模3 演示识别于：2019-11-27	25#楼	zhangh

图 2-18　危大工程信息统计

 ## 学习小结

完成本节学习后，读者应对数字一体化协同管理平台有整体性的认识，熟悉平台的资料管理、模型管理、进度管理、成本管理、质量管理、安全管理等功能。

知识拓展

 ## 学习资源

1. 设计协同平台关于模型文件的轻量化功能展示（附二维码）；
2. 进度管理功能展示（附二维码）。

设计协同平台关于模型文件的轻量化功能展示

进度管理功能展示

习题参考答案

习题与思考

1. 填空题

（1）_____是协同管理平台的一个重要方面，可以将项目相关的所有资料集中存储在一处，以便于各个团队的成员快速查找和共享。

（2）协同平台可以通过物联网、智能移动端等技术，将各分部分项工程的实际进度信息录入_____，从而支持实际进度集成管理。

2. 单选题

（1）施工进度对比分析的功能主要是指（　　　）。

A. 辅助施工管理

B. 多层次、多角度的施工进度对比分析

C. 形象反映施工计划和实际施工进度

D. 帮助管理员对文档进行精细管理和控制

（2）资料管理中，为文档设置属性和权限的目的是（　　　）。

A. 管理文档的版本

B. 控制文件的安全性和机密性

C. 方便其他用户查看和使用文件

D. 记录文档的修改历史

（3）在协同平台上，造价信息的分类主要包括（　　　）。

A. 直接成本、间接成本、预计成本和实际成本

B. 成本估算、成本分析、成本核算和成本预测

C. 造价管理、成本统计、阶段成本管控和成本分析

D. 以上均不是

3. 问答题

（1）协同管理平台中的模型轻量化有哪些功能？

（2）请简述协同平台的成本管理策略。

2.2 设计协同

教学目标

一、知识目标

1.了解协同平台的在设计阶段的实际应用；

2.了解设计管理的相关知识。

二、能力目标

1.能在设计阶段，组织各专业通过平台协同工作；

2.能通过平台，构建设计管理流程。

三、素养目标

能够了解我国建筑信息化平台的应用情况，并对未来发展趋势有自身认知。

学习任务

主要了解协同平台的在设计阶段的实际应用。

建议学时

4 学时

思维导图

2.2.1 工作协同

1. 专业内工作协同

如图 2-19 所示，专业内工作协同通常采用分栋分专业在同一文件内分权限设计为主的模式（如 Revit 端中心文件应用，通过工作集划分实现专业内权限分配），通过协同平台协同模块，设置专业内细分工作权限，便于专业负责人对进度、质量审查管理。专业内工作协同应具有以下原则：

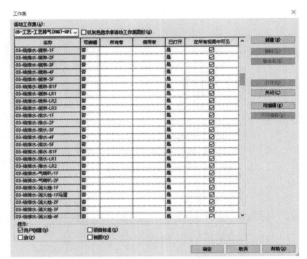

图 2-19　专业内协同工作划分示例

1）专业内协同内容应具有灵活性，能根据实际情况修正任务和职责范围。

2）应根据工程性质、建设规模、复杂程度、专业需要、施工原则对模型进行拆分；各专业拆分范围应保持一致。模型拆分是软硬件限制下确保模型操作流畅的过渡方式；各专业拆分范围一致有利于专业间快速协调；模型拆分应满足一般施工标段的划分原则，便于模型传递至下一阶段使用。

3）每栋建筑专业可划分为土建（建筑、结构、总图），机电（暖通、给水排水、强电、弱电、机械），工艺（纯废水、气体化学等）。

4）协同平台工作协调信息管理：专业协同应包含外部信息及内部信息；其他专业协同应对协同内容进行分类。专业外部信息宜包括会议记录/纪要、汇报文件，内部信息宜包括管理节点记录、项目进度计划等。其他专业协同内容宜包含汇报文件素材、工程数量、专业会议记录、专项评估报告、BIM 模型、现场配施记录、审查意见。

5）基于数字化模型的专业内协同一般遵循以下流程：

协同平台创建单专业协同文件→创建协同本地副本→分配协同者权限→按权限编辑本地副本→将修改文件发布到服务器或从服务器获取最新的修改文件。

2. 专业间工作协同

如图 2-20 所示，专业间协同通常采用共享链接的模式（类似于 CAD 的参照功能）。即本专业通过协同平台协同模块链接其他专业的设计模型文件，查看专业间设计提资内容。通过链接协同需要满足以下要求：

1）被链接文件应作为参照查看对象提供完整的信息，且不应被编辑修改。

2）专业间协同文件应使用通用格式。当使用不同软件协同设计时，通用格式应满足

管理链接

链接名称	状态	参照类型	位置未保存	保存路径	路径类型
FAB truss 钢构 20230705.RVT	在关闭的工作集中	覆盖	☐	RSN://172.16.91.131/3504857494519808/	Revit Server
S20220601-00- 室外模型 _20230515.rvt	在关闭的工作集中	覆盖	☐	RSN://172.16.91.131/3504857494519808/	Revit Server
S20220601-00- 室外管架 _20230515.rvt	在关闭的工作集中	覆盖	☐	RSN://172.16.91.131/3504857494519808/	Revit Server
S20220601-01-AR 20230712.rvt	已载入	覆盖	☐	RSN://172.16.91.131/3504857494519808/	Revit Server
S20220601-01-ST(TRUSS)_20230725.rvt	已载入	覆盖	☐	RSN://172.16.91.131/3504857494519808/	Revit Server
S20220601-01-ST_20230710.rvt	已载入	覆盖	☐	RSN://172.16.91.131/3504857494519808/	Revit Server

图 2-20　专业间模型链接协同示例

数据兼容及交换的需求。

3）各专业模型通过协同平台提资功能提交其他专业，原则上不允许线下拷贝，保证协同平台专业间协同的资料、依据完整性。

3. 冲突检测

针对多人员合作设计的项目，很大概率会因为沟通和工作的疏忽，造成设计内容冲突的问题，对此协同平台可以自动检测并报告问题，协助设计团队及时解决问题，如图 2-21 所示。

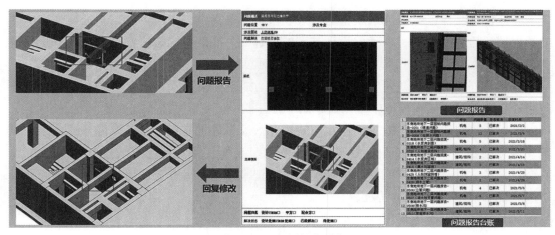

图 2-21　冲突检测示例

2.2.2　管理协同

1. 设计提资管理

在设计业务中，提资环节非常重要，它是设计项目过程中非常重要的一个过程，决定了设计项目的成败。提资可以分为内部提资和外部提资，为了提高提资的准确性和完

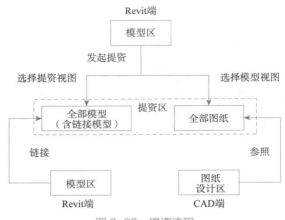

图 2-22　提资流程

整性，每个企业都有相应的要求。借助协同管理平台，企业可以根据自身的管理要求创建提资的流程，配置提资所需的文档和信息，从而使项目团队高效协作，提高工作效率。

如图 2-22 所示，设计提资一般都是根据专业划分，在流程内发起人可以自由设置接收专业和审批人员，审批通过后按照预先设置的存放路径，自动存放到提资区内。

2. 设计校审管理

设计校审是保证设计成果质量的有效手段，它是指由多人对设计方案进行全方位详细的审核、检查和评审，以确保设计方案的合理性、准确性和可行性。传统校审是通过校审表单，由校审人员手动填写，低效且无法对问题进行有效追踪。

借助协同平台，系统可将校审意见以及圈注保存到数据库中（图 2-23），并对校审问题进行分类管理，在校审区域以及原图中打开校审记录以列表方式查看所有校审意见，点击校审意见可以快速定位问题所在位置。Web 端批注与客户端批注互联互通互用，实现在客户端查 Web 页面的批注意见，并进行意见反馈，所有批注与问题点均保持联动。系统对设计文件进行校审的整个设计验证过程记录留痕，流程完成后可批量导出问题自动生成校审单，如图 2-24 所示。

图 2-23　校审批注

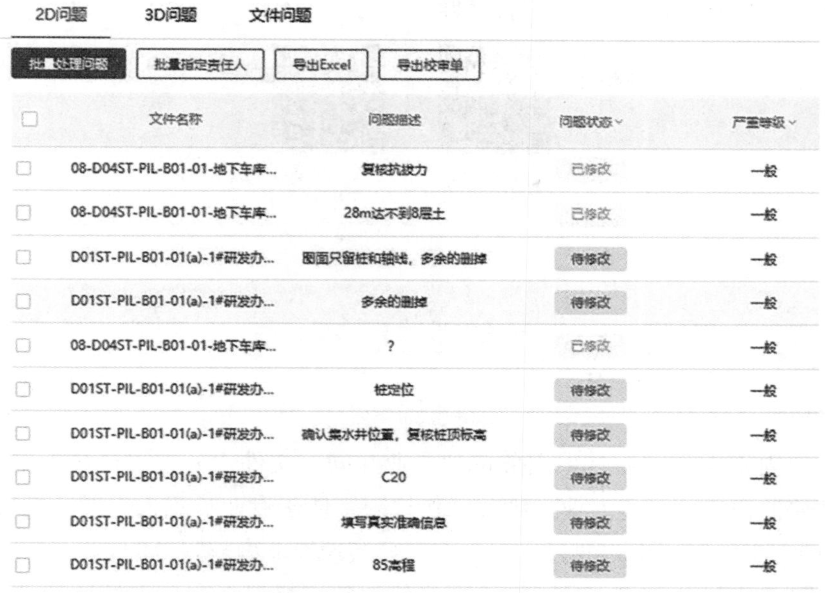

文件名称	问题描述	问题状态	严重等级
08-D04ST-PIL-B01-01-地下车库...	复核抗拔力	已修改	一般
08-D04ST-PIL-B01-01-地下车库...	28m达不到8层土	已修改	一般
D01ST-PIL-B01-01(a)-1#研发办...	图面只留桩和轴线，多余的删掉	待修改	一般
D01ST-PIL-B01-01(a)-1#研发办...	多余的删掉	待修改	一般
08-D04ST-PIL-B01-01-地下车库...	?	已修改	一般
D01ST-PIL-B01-01(a)-1#研发办...	桩定位	待修改	一般
D01ST-PIL-B01-01(a)-1#研发办...	确认集水井位置，复核桩顶标高	待修改	一般
D01ST-PIL-B01-01(a)-1#研发办...	C20	待修改	一般
D01ST-PIL-B01-01(a)-1#研发办...	填写真实准确信息	待修改	一般
D01ST-PIL-B01-01(a)-1#研发办...	85高程	待修改	一般

图 2-24 校审问题批量导出

通过协同平台，大大降低了校审的工作量，同时可以最大程度地保证设计成果的质量。

3. 设计出图管理

企业出具的设计成果均需加盖认证后的 CA 签章。协同平台通过与第三方 CA 认证单位的集成接口，通过企业定制的签章流程，在指定标准化的签章位置及内容后，可以实现图纸和资料的自动化数字签名签章。

学习小结

完成本节学习后，读者应对设计协同的工作和管理模式有初步的认识，熟悉掌握专业间和专业内工作协同的实现方式，并能通过平台构建相应的设计管理流程。

知识拓展

学习资源

1. 专业间和专业内工作协同模式展示（附二维码）；

2. 二维、三维协同管理展示（附二维码）。

专业间和专业内
协同工作模式
展示

二维、三维协同
管理展示

习题参考答案

习题与思考

1. 填空题

（1）专业内工作协同通常采用分栋分专业在同一文件内分权限设计为主的方式，通过协同平台协同模块，设置专业内细分工作权限，便于专业负责人进度、质量审查管理。在 Revit 端中心文件应用中，通过_____划分实现专业内权限分配。

（2）协同平台通过与第三方 CA 认证单位的集成接口，在指定标准化的签章位置及内容后，可以实现图纸和资料的_____。

2. 单选题

（1）以下（　　）不属于专业内工作协同原则。

A. 专业内协同内容应具有灵活性

B. 各专业拆分范围应保持一致

C. 模型拆分应满足施工标段的划分原则

D. 各专业之间应采用共享链接的模式进行协同

（2）以下（　　）不属于专业间工作协同的要求。

A. 被链接文件应提供完整的信息，且不应被编辑修改

B. 专业间协同文件应使用通用格式

C. 各专业模型可以线下拷贝

D. 专业间协同文件链接可以根据实际情况修正任务和职责范围

（3）下列（　　）不是设计出图管理功能涉及的内容。

A. 对设计成果进行版本管理和记录

B. 对设计文件进行全面检查

C. 对设计成果进行数字签名和认证

D. 维护协同平台的服务器安全

3. 问答题

（1）什么是专业内工作协同？其应符合哪些原则？

（2）什么是设计校审管理？如何实现高效率的校审？

第 3 章
设计阶段数字一体化设计

数字化模型设计

全专业模型
参数化设计
BIM 出图
知识拓展
习题与思考

数字化辅助分析

绿色建筑与碳排放
建筑性能化分析
基于 BIM 的算量造价分析
知识拓展
习题与思考

数字化辅助审查

基本知识
模型质量审查
设计质量审查
图模一致性审查
知识拓展
习题与思考

3.1 数字化模型设计

教学目标

一、知识目标

了解 BIM 全专业建模、参数化设计、BIM 出图的一般思路与方法。

二、能力目标

了解 BIM 模型的拆分方法，项目组织的一般方式。

三、素养目标

1. 对 BIM 概念具有清晰的了解；

2. 学习新技术，了解数字一体化设计的最新发展。

学习任务

认识 BIM 概念与发展状态，学习 BIM 建模标准、建模方法。

建议学时

6 学时

思维导图

3.1.1　全专业模型

BIM 建模指在二维图纸完成之后，应用 BIM 软件对各专业的图纸进行建模。BIM 建模的目的是解决项目上实际技术问题，对设计进行优化，使施工过程更加合理有效。减少设计变更，缩短工期。

1. 模型的标准化

BIM 模型的建立对 BIM 技术的应用起着关键作用，是 BIM 应用的核心。BIM 建模规范化、标准化，对 BIM 技术在设计施工等后续阶段的使用，有重要的影响。

国家建模标准体系见表 3-1。

国家建模标准体系（主要为住房和城乡建设部颁布的标准）　　　　　表 3-1

标准名称	实施日期	颁发部门	主要内容
《建筑信息模型应用统一标准》 GB/T 51212—2016	2017 年 7 月 1 日起实施	住房和城乡建设部	建立了建设工程全生命周期内建筑信息模型的创建、使用和管理的应用统一标准，包括模型的创建、使用、结构和扩展，数据的交付、交换、编码和储存等信息
《建筑信息模型施工应用标准》 GB/T 51235—2017	2018 年 1 月 1 日起实施	住房和城乡建设部	规定了在施工过程中如何使用 BIM 进行应用，以及如何向他人交付施工模型信息，包括深化设计、施工模拟、预加工、进度管理、成本管理等方面

标准名称	实施日期	颁发部门	主要内容
《建筑信息模型设计交付标准》GB/T 51301—2018	2019 年 6 月 1 日起实施	住房和城乡建设部	规定了建筑信息模型设计交付标准，用于建筑工程设计中应用建筑信息模型建立和交付设计信息，以及各参与方之间和参与方内部信息传递的过程。包括交付的基本规定、交付准备、交付物和交付协同
《建筑工程设计信息模型制图标准》JGJ/T 448—2018	2019 年 6 月 1 日起实施	住房和城乡建设部	规范建筑工程设计的信息模型制图表达，提供一个具有可操作性、兼容性强的统一标准。用于指导各专业之间在各阶段数据的建立、传递和解读

（1）模型的拆分及模型构架

国家标准《建筑信息模型设计交付标准》中把建筑信息模型分为一级系统、二级系统、三级系统三个级别。土建专业的一级系统分为建筑外围护系统与其他建筑构件系统。二级系统为各分类模型，如墙体、结构柱、楼面、楼梯、门、窗等。三级系统为二级系统的各相关构造，如屋顶分为保温层、防水层、保护层、檐口、配筋、安装构件、密封材料等。机电专业的一级系统分为给水排水、暖通、电气、智能化、动力系统。二级系统为各专业的分类系统，如给水排水系统的给水系统、排水系统、中水系统等。三级系统为各分类系统的支系统，如排水系统的污水、废水系统与雨水系统。

（2）模型构件的精细度等级（表 3-2）

模型构件的精细度等级　　　　　　　　　　　　　　　　　　表 3-2

设计阶段	等级	英文名	代号	说明
方案设计	1.0 级模型精细度	Level of model definition 1.0	LOD 1.0	项目级模型单元
初步设计	2.0 级模型精细度	Level of model definition 2.0	LOD 2.0	功能级模型单元
施工图设计	3.0 级模型精细度	Level of model definition 3.0	LOD 3.0	构件级模型单元
深化设计	4.0 级模型精细度	Level of model definition 4.0	LOD 4.0	零件级模型单元

（3）模型单元精细度的分级（表 3-3）

模型单元精细度的分级　　　　　　　　　　　　　　　　　　表 3-3

模型单元分级	模型单元用途
LOD 1.0	承载项目、子项目或局部建筑信息
LOD 2.0	承载完整功能的模块或空间信息
LOD 3.0	承载单一的构配件或产品信息
LOD 4.0	承载构件级模型安装级零件的模型单元

（4）几何表达精度的等级划分（表3-4）与信息深度的等级划分（表3-5）

几何表达精度的等级划分 表3-4

等级	英文名	代号	几何表达精度
1级表达精度	Level 1 of geometric detail	G1	满足二维化或者符号化识别需求
2级表达精度	Level 2 of geometric detail	G2	满足空间占位、主要颜色等粗略识别需求
3级表达精度	Level 3 of geometric detail	G3	满足建造安装流程、采购等精细识别需求
4级表达精度	Level 4 of geometric detail	G4	满足高精度渲染展示、产品管理、制造加工准备等高精度识别需求

信息深度的等级划分 表3-5

等级	英文名	代号	几何表达精度
1级表达精度	Level 1 of information detail	N1	宜包含模型单元的身份描述、项目信息、组织角色等信息
2级表达精度	Level 2 of information detail	N2	宜包含和补充 N1 等级信息、增加实体系统关系、组成及材质、性能或属性信息
3级表达精度	Level 3 of information detail	N3	宜包含和补充 N2 等级信息，增加生产信息、安装信息
4级表达精度	Level 4 of information detail	N4	宜包含和补充 N3.0 等级信息，增加资产信息、维护信息

2.统一构件命名编码规则

BIM 技术要实现建筑全生命周期的应用，就要制定建筑构件的分类和编码标准。在 BIM 技术应用过程中，保持编码的全面性、完整性和有序性，有利于形成统一的建筑语言，确保信息沟通与传递的效率和质量。

（1）统一软件版本

统一软件版本不仅指统一软件供应商的软件产品，也指统一的软件版本。目前，市面的软件供应商，以 Autodesk、Bentley 和 Dassault 等为主。我们在选择建模软件时，需要根据项目需求，选择合适的厂商软件、合适的软件版本。

BIM 设计工作正式开展之前，先进行项目资料的准备工作。1）各专业施工图：明确施工图设计图纸版本，确定图纸设计深度；对图纸进行规范、合理存档，做到有图可循，有据可依；2）BIM 样板文件：BIM 设计方应有相应的 BIM 样板文件。

（2）专业建模：各专业之间协同 BIM 建模，模型相互链接参考，实时更新。1）模型拆分：BIM 模型按专业拆分，各专业安排专业 BIM 设计师建模；2）文档管理：根据项目模型拆分，建立模型文件夹，模型文件夹应规范管理，设定权限；3）项目基点：每个专业 BIM 模型设置其项目基点，专业之间通过项目基点的设置，自动链接到整体模型中的相应位置，确保模型之间的无缝链接；4）轴网标高：建筑专业 BIM 工程师根据设计图纸建立轴网标高。其他专业基于此轴网标高文件建模。

3. 机电专业模型颜色一般设置

机电专业模型颜色表见表3-6。

机电专业模型颜色表   表 3-6

系统类型	管道类型（过滤器名称）	颜色（RGB）	系统命名
防排烟系统	M-EY- 排烟	255，128，255	EY
	M-EA- 排风	128，064，064	EA
	M-EAY- 排风兼排烟	230，80，100	EAY
	M-SAJ- 正压送风	130，150，80	SAJ
	M-SAY- 补风	180，220，0	SAY
空调系统	M-SA- 送风	0，255，0	SA
	M-RA- 回风	255，128，64	RA
	M-OA- 新风	0，255，255	OA
	M-CS- 冷水供水	0，128，255	CS
	M-CR- 冷水回水	0，95，140	CR
	M-HS- 热水供水	238，184，83	HS
	M-HR- 热水回水	175，240，85	HR
	M-CHS- 冷、热水供水	15，100，240	CHS
	M-CHR- 冷、热水回水	70，140，180	CHR
	M-CWS- 冷却水供水	253，182，164	CWS
	M-CWR- 冷却水回水	250，190，250	CWR
	M-R- 冷媒管	0，0，255	R
	M- CW- 冷凝水	100，170，220	CW
	M-ST- 蒸汽	230，65，25	ST
	M-PZ- 膨胀水管	155，155，200	PZ
	M-SW- 软水	30，150，50	SW
工艺管	M-CA- 压缩空气	255，128，128	CA
	……	……	
消防系统	P-FH- 消火栓	255，0，0	FH
	P-FH1- 低区消火栓	255，0，0	FH1
	P-FH2- 高区消火栓	255，0，0	FH2
	P-SP- 喷淋	255，128，255	SP
	P-FSP- 水炮	255，255，127	FSP
	P-SM- 水幕	255，255，127	SM
	P-WP- 窗喷	255，255，127	WP
	P-SW- 细水雾	255，255，127	SW
	P-J- 给水	0，255，0	J

续表

系统类型	管道类型（过滤器名称）	颜色（RGB）	系统命名
给水系统	P–ZJ– 增压给水	0，255，0	ZJ
	P–ZW– 中水	0，255，100	ZW
	P–PW– 纯水	0，255，255	PW
	P–DR– 直饮水回水	228，190，155	DR
	P–DS– 直饮水给水	145，210，45	DS
排水系统	P–F– 废水	200，14，50	F
	P–YF– 压力废水	255，90，20	YF
	P–W– 污水	64，0，64	W
	P–YW– 压力污水	0，64，64	YW
	P–Y– 雨水	80，220，30	Y
	P–HY– 虹吸雨水	80，220，30	HY
	P–T– 通气	109，146，137	T
热水系统	P–HWS– 热水供水	252，121，3	HWS
	P–HWR– 热水回水	193，201，54	HWR
强电系统	E– 普通电力桥架	223，185，32	普通电力桥架
	E– 消防电力桥架	194，118，61	消防电力桥架
	E– 应急电力桥架	12，145，243	应急电力桥架
	E– 母线	238，17，238	母线
	E– 动力桥架	6，186，250	动力桥架
	E– 照明桥架	100，150，250	照明桥架
弱电系统	ELV– 安防桥架	148，185，70	安防桥架
	ELV– 广播桥架	170，157，85	广播桥架
	ELV– 通信桥架	65，190，156	通信桥架
	ELV– 控制桥架	156，137，99	控制桥架
设备	E– 配电箱 / 柜	255，255，255	

3.1.2 参数化设计

1. BIM 参数化设计概述

BIM 参数化设计是一种通过算机技术自动生成设计方案的设计方法。其核心思想是将设计全要素变成某个函数变量，通过改变函数或算法建立程序，将设计问题转变为逻辑推理问题，用理性思维代替主观想象，重新认识设计规则及思考推理的过程。

参数化指建模过程中建立特定的关系，当这种关系的某个基本元素发生变化，其他的元素也随之变化，简单概括参数化的重点是彼此元素之间的关联性。

数字化设计，将许多复杂多变的信息转变成可以度量的数字、数据，引入计算机内部进行统一处理后建立数字化模型。数字计算机的一切运算和功能都是用数字来完成的，所以才称为数字化。

非线性设计多指不按比例不成直线的关系，代表不规则的运动和突变，建筑中使用一般指的就是异形建筑。

2. 参数化软件介绍（建设领域）

（1）Grasshopper

Grasshopper（简称 GH）是一款可视化编程语言，它基于 Rhino 平台运行，是数据化设计方向的主流软件之一，独特之处在于使用一个个电池盒子来记录建模过程，通过逻辑关系将所有盒子串联起来形成一个定制程序包，由于该插件是基于 Rhino 本身开放，其内部模块都能完美地和 Rhino 集成在一起，配合使用操作更加高效快捷。同时 GH 中含有近千种插件可供用户自由搭配选择使用，有编程基础的话甚至可以自己开发插件，开放性和灵活性都非常高。

（2）Dynamo

Dynamo 软件是一款以开源的三维可视化编程为特点的软件。其前身是插件，现在是能够让用户直观地编写脚本，操控程序的各种行为的一款好用的软件。

Dynamo 是基于 Autodesk Revit 所发展出来的附属参数化平台，可以进行许多对于 Autodesk Revit 数据库做抽取、统合、修改、运算等关键程序代码编列的功能，来辅助 Autodesk Revit 于目前的平台上所无法达成或是不易达成的事项，同时也是建筑设计走向程序代码编列的一个重要的里程碑，Dynamo 是一种视觉脚本程序，协助用户自定义算法来处理数据和产生几何图形。

3.1.3 BIM 出图

BIM 出图指在模型中导出图纸的过程。基于模型导出的图纸，可以保证各类图纸的一致性，避免错漏碰缺，提高图纸的设计质量。BIM 出图的图纸主要包括管线综合图纸、净高分析图纸、结构预留洞口图纸、精装点位图等。BIM 图纸主要为原有设计图纸的补充或者深化。

（1）准备好项目样板，包括项目族库、注释、图框、视图样板等。

（2）族库：制作符合出图习惯的构件族库，应设置好族在平面、立面、剖面、三维等视图的表达方式，设置好线型（粗细与颜色）等。

（3）注释：满足各比例的显示，清晰明确。

（4）图框：制作符合项目的专用图框。

（5）视图样板：包括平面、剖面、立面、三维轴侧、透视等视图样板。设置好各构件在不同视图中的表达方式，如材质、线型等。

（6）BIM 管线综合优化图纸：管线综合优化的服务内容为机电管线的建模、优化、出图，其成果可以直接指导施工，避免在建造过程中产生较大的问题。

（7）BIM 净高分析图纸：基于 BIM 的三维可视化技术，对项目室内净高进行有效分析与把控，输出净高分析图纸，提供最合理的建筑使用空间。BIM 净高分析图一般分为梁下净高图、机电完成面、吊顶完成面等。

（8）BIM 结构预留洞口设计：BIM 三维技术可以有效解决传统二维设计中结构专业预留洞口与机电专业要求不一致问题。

 ## 学习小结

通过本章节的学习，读者应了解国家 BIM 类相关标准，了解 BIM 模型的一般组织构架及模型精细度的等级划分；能具备一定的建模思路与方法；对复杂项目的参数化设计流程具有一定的了解；懂得如何以 BIM 的方式进行出图。

知识拓展

 ## 案例分享

宿迁市民活动中心是应用 BIM 技术的典型项目：

1）该项目的建筑设计从"乘风破浪""鲲鹏展翅""宿城三迁"等概念中提取建筑造型，并将建筑有机融合到场地内的生态公园当中，形成"一轴两翼三区"的布局模式（图 3-1）。宿迁市民活动中心作为一项重大民生实事项目，规划涵盖图书馆、方志馆、工人文化宫、妇女儿童活动中心等功能，建成后将成为集文化交流、地方宣传、公益服务、妇女儿童关爱等为一体的城市新名片。

图 3-1　案例效果图

2）方案设计阶段

在 Rhino 中通过 Nurbs 曲线构造曲面，并通过调整优化顺滑曲面（图 3-2）。利用 Grasshopper 进行网格划分，即杆件的布置。划分原则：控制结构杆件长度在 4~6m，幕墙龙骨根据结构网格进行 3 倍的细分，由于翘曲过大，选用三角形网格。通过参数化设计，可以推敲幕墙板类型，在不影响方案造型的同时，减少构件类型数量，节约成本。

图 3-2　案例方案曲面模型

在结构网格基础上，进行天窗洞口的确定布设原则：从高到低，洞口逐渐变小。在屋面前端，设定 9 个拱洞，拱洞高度呈弧形（图 3-3）。

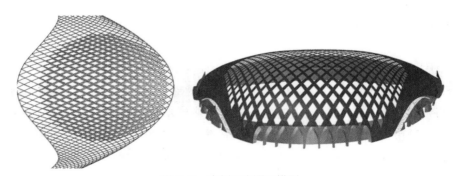

图 3-3　案例天窗洞口模型

3）施工图设计阶段

针对复杂结构的异形建筑，通过 BIM 参数化软件对构件进行数字化建模（图 3-4）。通过结构计算得出各点位的三维坐标，自动划分网格，生成相关结构、幕墙构件。对概念设计方案进行深化与调整，保证设计图纸的可实施性，避免在后续施工过程中产生问题。

4）结构构件和幕墙的龙骨、嵌板都进行参数化设置，在设计过程中，结构如进行优化调整，BIM 模型可以根据结构的三维空间定位信息进行自动调整，幕墙根据结构的优化同步调整，做到一键修改（图 3-5）。

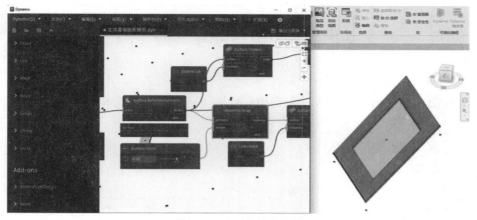

图 3-4　案例参数化建模

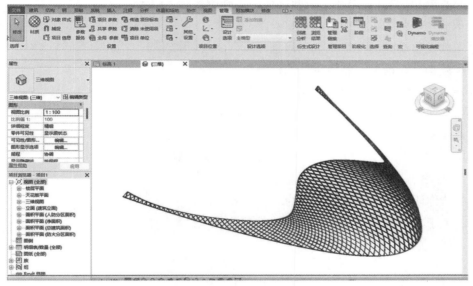

图 3-5　案例幕墙模型

 学习资源

1. 某工业厂房室外动画视频（附二维码）；
2. 某工业厂房室内动画视频（附二维码）；
3. 装修吊顶节点模拟视频 1（附二维码）；
4. 装修吊顶节点模拟视频 2（附二维码）。

某工业厂房室外
动画视频

某工业厂房室
内动画视频

装修吊顶节点
模拟视频 1

装修吊顶节点
模拟视频 2

习题参考答案

习题与思考

1. 填空题

（1）住房和城乡建设部发布的有关 BIM 标准（请填写至少三本标准）：＿＿＿＿＿＿＿＿＿

＿＿＿＿＿＿＿＿＿＿＿＿＿＿＿＿＿＿＿＿＿＿＿＿＿＿＿＿＿＿＿＿＿＿＿＿。

（2）建筑设计阶段一般分为：＿＿＿＿＿阶段、＿＿＿＿＿阶段、＿＿＿＿＿阶段、

＿＿＿＿＿阶段。

（3）模型单元精细度的分级分为：＿＿＿＿＿＿＿＿＿＿＿＿。

（4）几何表达精度的等级划分为：＿＿＿＿＿＿＿＿＿＿＿＿。

2. 选择题（不定项选择）

（1）关于 LOD3.0 的描述，下面选项中正确的是（　　　）。

A. 承载单一的构配件或产品信息

B. 承载完整功能的模块或空间信息

C. 承载构件级模型安装级零件的模型单元

D. 承载项目、子项目或局部建筑信息

（2）下列软件不属于参数化设计软件的是（　　　）。

A. Dynamo   B. Grasshopper

C. Revit   D. AutoCAD

3. 问答题

（1）请你谈谈对于参数化设计的理解。

（2）关于 BIM 出图，请谈谈你自己的看法。

3.2 数字化辅助分析

教学目标

一、知识目标

绿色建筑、建筑性能化分析、建筑碳排放、BIM 算量造价分析。

二、能力目标

对绿色建筑有初步了解，熟悉"双碳"计划概念。

三、素养目标

可以进行初步的性能化仿真模拟应用。认识国家战略——"双碳"计划，在建筑生产过程中，了解性能化分析对"双碳"计划的重要性。

学习任务

认识绿色建筑概念、建筑性能化分析概念，对 BIM 算量分析有一定的掌握。

建议学时

4 学时

思维导图

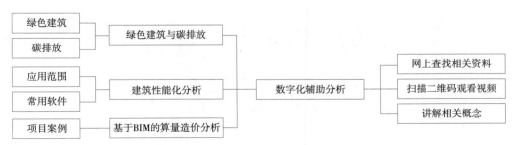

3.2.1 绿色建筑与碳排放

1. 绿色建筑

绿色建筑：在全寿命周期内，节约资源、保护环境、减少污染，为人们提供健康、适用、高效的使用空间，最大限度地实现人与自然和谐共生的高质量建筑（《绿色建筑评价标准》GB/T 50378—2019）。

（1）国家关于绿色建筑的相关标准（表 3-7）

国家关于绿色建筑的相关标准 表 3-7

标准名称	发布部门	备注
《近零能耗建筑技术标准》 GB/T 51350—2019	住房和城乡建设部	建筑方案设计应根据建筑功能和环境资源条件，以气候环境适应性为原则，以降低建筑供暖年耗热量和供冷年耗冷量为目标，充分利用天然采光、自然通风以及围护结构保温隔热等被动式建筑设计手段降低建筑的用能需求
《建筑碳排放计算标准》 GB/T 51366—2019	住房和城乡建设部	规定了建筑物在生产运输、改造拆除、运行维护阶段碳排放的计算规则
《绿色建筑评价标准》 GB/T 50378—2019	住房和城乡建设部	强化绿色建筑的碳减排性能要求，并在提高项明确建筑全寿命周期碳排放强度评价体系
《建筑节能与可再生能源利用通用规范》 GB 55015—2021	住房和城乡建设部	—

（2）绿色建筑认证体系（表 3-8）

绿色建筑认证体系 表 3-8

绿色建筑认证标识	绿色建筑认证体系名称	说明	国家
绿色建筑评价标准 Assessment standard for green building	★★★	2019 年更新为第三版，现用的绿色建筑评价标准，重新构建了绿色建筑评价技术指标体系	中国
绿色建筑评估体系 Leadership in Energy & Environmental Design Building Rating System		全球最具权威和影响力的绿色建筑认证体系	美国
LBC		最难通过的绿色建筑认证体系	美国

续表

绿色建筑认证标识	绿色建筑认证体系名称	说明	国家
建筑研究院环境评估方法 Building Research Establishment Environmental Assessment Method	BREEAM	世界上第一个绿色建筑评价体系	英国
德国建筑物综合环境性能评价体系 Deutsche Gesellschaft für Nachhaltiges Bauen	DGNB	世界第二代绿色建筑评估体系	德国
CASBEE 标准	—	—	日本

2. 碳排放

"双碳"计划（碳达峰与碳中和）：

"双碳"计划的提出：2020 年 9 月 22 日，中国国家主席习近平在第七十五届联合国大会一般性辩论上宣布："中国将提高国家自主贡献力度，采取更加有力的政策和措施，二氧化碳排放力争于 2030 年前达到峰值，努力争取 2060 年前实现碳中和。"

碳达峰：某一个时刻，二氧化碳排放量达到历史最高值，之后逐步回落。

碳中和：通过植树造林，节能减排等形式，抵消自身产生的二氧化碳或温室气体排放量，实现正负抵消，达到相对"零排放"。

2023 年 4 月 22 日，国家标准化管理委员会等十一部门（国家标准委、国家发展改革委、工业和信息化部、自然资源部、生态环境部、住房和城乡建设部、交通运输部、中国人民银行、中国气象局、国家能源局、国家林草局）印发了《碳达峰碳中和标准体系建设指南》。

"双碳"标准体系包括基础通用标准子体系、碳减排标准子体系、碳清除标准子体系和市场化机制标准子体系 4 个一级子体系，并进一步细分为 15 个二级子体系、63 个三级子体系。该体系覆盖能源、工业、交通运输、城乡建设、水利、农业农村、林业草原、金融、公共机构、居民生活等重点行业和领域碳达峰碳中和工作。

建筑碳排放：建筑物在与其有关的建材生产及运输、建造及拆除、运行阶段产生的温室气体排放的总和，以二氧化碳当量表示（《建筑碳排放计算标准》GB/T 51366—2019）。

建筑运行阶段碳排放计算范围应该包括暖通空调、生活热水、照明及电梯、可再生能源、建筑碳汇系统在建筑运行期间的碳排放量。具体计算方法参考《建筑碳排放计算标准》GB/T 51366—2019。

建筑业作为国民经济的支柱产业，在碳达峰与碳中和中扮演着重要的角色。根据《2022 中国建筑能耗与碳排放研究报告》，2020 年建筑全过程碳排放总量为 50.8 亿吨二氧化碳，占全国碳排放的比重为 50.9%，建筑行业实施碳达峰碳中和迫在眉睫。作为建筑行业的从业人员，可以通过对建筑性能的分析，在满足建筑使用功能的情况下，减少碳排放，节能减排。

国家标准《建筑节能与可再生能源利用通用规范》GB 55015—2021 生效，明确要求"建设项目可行性研究报告、建设方案和初步设计文件应包含建筑碳排放分析报告"。

3.2.2　建筑性能化分析

BIM 技术让建筑设计呈三维立体表达的同时，也为进一步的建筑性能分析提供了技术支撑。使现代建筑在体现美学的同时，实现节能减排的建筑目标。

1. 建筑性能化分析主要应用范围

目前，基于 BIM 技术的建筑性能分析主要包括：风、光、声、热等，通过对这些因素的控制，能有效降低建筑能耗，达到低碳环保的绿色建筑目标。

采光模拟：在同样光照条件下，天然光的辨认能力优于人工光，有利于视力的保护和生产力的提高，便于生活、工作和学习。评价建筑物内部自然采光的主要指标有：采光系数、室内自然光照度、采光均匀度等采光质量。在设计阶段，对室内天然采光和人工照明进行动态全天候全年模拟分析，输出采光系数、照度、照度均匀度等指标，可直观全面地反映建筑内各房间的采光效果，对采光不利区域或不达标房间及时进行采取修改。

声环境模拟：噪声通常包括交通噪声、工业噪声和社会生活噪声等，噪声控制的目的是当室外噪声量达标时，建筑内人们的工作、学习和生活不受影响。在设计阶段，通过对建筑场地声环境的模拟分析，选取出场地噪声最不利区域，通过建筑材料、建筑布局等的修改，评估室内声环境是否达标，是否满足人们居住舒适度。

热环境模拟 / 室外风环境：建筑容积率、建筑布局、建筑周边绿化率等，对区域住宅通风条件有直接影响。当小区通风条件变差时，小区散热变慢，热岛效应加剧，进而使室内变得闷热。利用 BIM 分析模拟软件对建筑室外热环境、风环境进行模拟分析，能够在设计阶段快速获得场地和建筑物表面温度的分布状态、热岛强度、场地气流分布、风场分布等指标，及时优化不利区域，选择最优设计方案。

风环境模拟：建筑密度、建筑开窗大小、建筑朝向等因素，对室内通风有直接的影响。在建筑设计阶段，通过对室内风场进行模拟，研究室内空气流动状况、通风换气次数，来提高室内环境的舒适度。

2. 建筑性能化分析常用软件

（1）Integrated Environment Solutions（IES）

英国 IES 公司旗下的建筑性能模拟分析软件 Virtual Environment（VE），为建筑师、工程师、咨询顾问等提供模型、能耗、空调系统、自然通风、日照、采光、CFD、造价、管道计算、逃生及 LEED、BREEAM 认证等各个方面的建筑性能集成。软件包含 9 大模块（建筑模块、能耗模块、采光日照模块、日照模块、造价费用分析模块、人员出入模块、流体计算模块、建筑可持续性分析模块、VE 导航模块）。可用于建筑设计初期阶段以及现有建筑改造阶段，可以使设计者更好地理解不同的节能设计方案对建筑性能的影响。此工具可用来模拟评估建筑耗能（Energy/Carbon Usage）——包括冷热负荷、热环境、失热量及得热量、HVAC；日光照明，太阳能（Solar），气流（Airflow）；确定管道尺寸（Pipe Sizing；Duct Sizing）及成本概况（Costs）。其功能类似 Autodesk Ecotect Analysis，比 Ecotect 建模稍微容易些，可以与 Radiance 兼容对室内的照明效果进行可视化模拟。

（2）Autodesk Ecotect Analysis

此软件是一个建筑全能耗分析软件，适用于从概念设计到详细设计环节的可持续设计及分析，其中包含应用广泛的仿真和分析功能，能够提高现有建筑和新建筑设计的性能。仿真模拟包括：建筑能耗（年/月/日/小时）；建筑热环境；建筑耗水量；太阳辐射（Solar Radiation）；日光照明；建筑阴影分析（Shadow and Reflections）。用户可以利用三维表现功能进行交互式分析，模拟日照、阴影和采光等因素对环境的影响。

（3）Green Building Studio

该软件是 Autodesk 公司的一款基于 Web 的建筑整体能耗、水资源和碳排放的分析工具。在登录其网站并创建本项目信息后，用户可以用插件将 Revit 等 BIM 软件中的模型导出 gbXML 并上传到 GBS 的服务器上，计算结果将即时显示，可以进行导出和比较。在能耗模拟方面，GBS 使用的是 DOE-2 计算引擎。由于采用了目前流行的云计算技术，GBS 具有大数据处理能力。另外，其基于 Web 的特点也使信息共享和多方协作成为其先天优势。同时，其强大的文件格式换器，可以成为 BIM 模型与专业的能量模拟软件之间的无障碍桥梁。

（4）绿建斯维尔系列

该软件比较适合中国国情，与天正建筑的对接良好。支持建筑节能、能效测评、日照分析、太阳能、采光分析、风环境及噪声等各设计标准或规范的要求。模型与指标计算一体化，可直接利用建筑设计成果。可直接利用建筑设计成果、节能模型、暖通负荷模型进行绿色建筑指标分析，避免重复建模。该软件是我国应用领域应用较广的综合性绿色建筑分析软件之一。

（5）PKPM

PKPM 是一个系列软件，该软件起源于结构计算，除了建筑、结构、设备（给水排水、采暖、通风空调、电气）设计于一体的集成化 CAD 系统以外，其节能、绿建系列软件包括节能、遮阳、采光、负荷、风环境、声环境、太阳能热水以及绿建方案软件等。该系列软件应用我国标准规范，是我国应用领域应用较广的综合性绿色建筑分析软件之一。

（6）Bentley

包括 Bentley Hevacomp、Bentley Tas。前者用于模拟分析楼宇能耗（Energy+Carbon）及光照（Daylighting），使用 Energy Plus 模拟引擎；后者可对大而复杂的建筑进行动态热模拟、能耗模拟，可作为设计和设施管理（Facilities Management）工具。

（7）Autodesk Revit MEP

此软件专门面向水暖电（MEP）设计师与工程师。软件内置的分析功能可帮助用户创建持续性强的设计内容并通过多种合作伙伴应用共享这些内容，从而优化建筑效能和效率。该软件主要应用于：风道及管道系统建模，风道及管道尺寸确定/压力计算，HVAC 和电力系统设计，线管和电缆槽建模，自动布线解决方案可让用户建立管网、管道和给水排水系统的模型或手动布置照明与电力系统；可自动生成施工文档视图；软件中 IES 模块可快速简捷地模拟建筑耗能。

（8）Energy Plus

经典能耗计算软件，适用于热舒适模拟以及太阳能系统模拟、多区域气流分析、太阳能利用方案设计及建筑热性能研究。该软件可用简单的 ASCII 输入、输出文件，可提供电子数据表作进一步的分析。新版本的 Energy Plus（Release 1.0.2）提供了即时的关键词解释，使操作变得更加简单。对建筑的描述简单，输出文件不够直观，须经过电子数据表作进一步处理。有很多软件以 Energy Plus 为引擎，例如 Design Builder、Open Studio、Bentley Hevacomp 等。

（9）Phoenics

该软件主要用于模拟流动和传热，应用在能源动力，两相、多相流，航空航天，传热传质，化工，燃烧、爆炸，船舶水利，化学反应，建筑、暖通空调，流体机械，冶金，磁流体，环境，材料等多领域。在建筑领域主要模拟室外自然通风、室内空气流动等。

（10）Airpak

Airpak 基于 Fluent 引擎，是面向工程师、建筑师和设计师应用于 HVAC 领域的软件。它可以准确地模拟通风系统的空气流动、空气品质、传热、污染和舒适度等问题。目前 Airpak 已在如下方面的设计得到了应用：住宅通风、排烟罩设计、电讯室设计、净化间设计、污染控制、工业空调、工业通风、工业卫生、职业健康和保险、建筑外部绕流、运输通风、矿井通风、烟火管理、教育设施、医疗设施、动植物生存环境、厨房通风、餐厅和酒吧、电站通风、封闭车辆设施、体育场、总装厂房等。

3. 建筑性能分析的一般步骤

1）通过相关 BIM 软件，建立建筑性能分析的基础模型，模型应该满足建筑性能分析的相关要求。

2）将建筑性能分析基础模型导入相关分析软件。

3）在建筑性能分析软件中进行相关计算，导出成果。

4）基于建筑性能分析软件的数据对建筑设计进行分析、优化设计，以获取最优设计方案。

3.2.3 基于 BIM 的算量造价分析

BIM 技术是一种具备数字信息化的思维技术，通过精细化族库模型的创建与搭建，使整个建筑模型具备完整的建筑信息，通过信息的矛盾性协调处理与信息化连接使整个模型"活"起来。在工程造价中，最为看重的就是模型的信息集成处理，实践中往往所欠缺的方面就是在信息出现变化时候的处理非常困难，那么在工程造价中运用 BIM 技术，是解决造价困难的一种非常有效的方式。

在项目预决策、建造阶段，通过 BIM 技术的多维建模手段（三维模型、时间阶段、进度划分、施工模拟、成本聚类等）进行真实化虚拟建造，准确有效地进行各个方案的预估算统计，并且能将各种方案的施工计划生动、具体、清晰地展示在大家面前，不仅在成本预算及利益最大化的造价技术方面提高预决算效率，更在方案选择方面用数据选择最佳的工程质量与工程利益。通过 BIM 技术的造价管理，能使经济与技术更加紧密地结合起来，从设计阶段就开始进行造价控制，实现资金利用率与投资效率的双向质变。

造价管理软件利用 BIM 模型提供的信息进行工程量统计和造价分析。它可根据工程施工计划动态提供造价管理需要的数据，即所谓 BIM 技术的 5D 应用。常用 BIM 造价分析软件有：Innovaya、Solibri、鲁班、新点、广联达等。

BIM 技术可以全面记录建筑物的设计、施工及维护过程中所有相关信息，包括元素的大小、材料、功能、重量以及建筑物表面的几何形状和天然材料等，可以显著提高工程的精度和效率，更好地控制工程项目的成本。

基于 BIM 的算量分析应用：

根据项目设计图纸，基于 BIM 搭建三维信息模型，通过 Revit 自带明细表进行实时的工程量统计，"一模多用"统计出相关工程量，包括建筑墙、门、窗、板、结构框架、设备基础等。以江苏省某办公楼概算阶段 BIM 模型（图 3-6）为例：

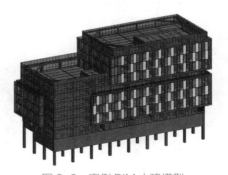

1）根据设计图纸完成项目 BIM 概算阶段模型（建筑、结构专业）。

2）根据江苏省概算规则进行工程量的扣减及各构件工程量统计。

图 3-6　案例 BIM 土建模型

建筑内墙明细表见表 3-9。

建筑内墙明细表　　　　　　　　表 3-9

族与类型	宽（mm）	面积（m²）	体积（m³）
基本墙：100mm 厚加气混凝土砌块	100	565.71	56.57
基本墙：100mm 厚 900mm 高幕墙窗槛墙	100	951.29	95.12
基本墙：150mm 厚加气混凝土砌块	150	37.04	5.56
基本墙：200mm 厚加气混凝土砌块	200	8316.27	1663.25
总计		9870.31	1820.5

建筑外墙明细表见表 3-10。

建筑外墙明细表　　　　　　　　表 3-10

族与类型	面积（m²）
基本墙：窗套墙 + 银灰色穿孔铝板	884.95
幕墙：LMC2033	13.2
幕墙：LMC2433	7.92
幕墙：LMC2933	9.57
幕墙：MQ1	354.78
幕墙：MQ2	1225.12
幕墙：MQ3	1190.48
幕墙：幕墙	559.34
幕墙：幕墙检修门 F06	11.84
幕墙：平台玻璃栏板墙	30.92
幕墙：灰色干挂石材	1951.23
总计	6239.35

建筑门明细表（部分）见表 3-11。

建筑门明细表（部分）　　　　　　　　表 3-11

族与类型	标高（m）	底高度（mm）	高度（mm）	宽度（mm）
防火门 - 双扇：FM 乙 1520	J_F01（0.000）	0	2000	1500
双面嵌板木门：M1522	J_F01（0.000）	0	2200	1500
单扇 - 与墙齐：MM1022	J_F02（4.200）	0	2200	1000
防火门 A- 单扇：FM 甲 1120	J_F03（8.400）	200	2000	1100
防火门 - 双扇 1：FM 乙 1422	J_F04（12.400）	0	2200	1400
防火门 - 双扇 1：FM 丙 1620	J_F04（12.400）	200	2000	1600

建筑窗明细表（部分）见表 3-12。

建筑窗明细表（部分） 表 3-12

族与类型	标高（m）	宽度（mm）	高度（mm）
上悬无框铝窗	J_F01（0.000）	1450	800
固定：LC1542	J_F02（4.200）	1500	4200
固定：LC1542	J_F02（4.200）	1500	4200
固定：LC1540	J_F03（8.400）	1500	4000
上悬无框铝窗	J_F03（8.400）	1450	800
固定：LC1540	J_F04（12.400）	1500	4000

建筑楼板明细表见表 3-13。

建筑楼板明细表 表 3-13

属性	面积（m²）	体积（m³）
总计	12830.82	1026.47

建筑结构墙明细表见表 3-14。

建筑结构墙明细表 表 3-14

族与类型	顶部约束	底部约束	面积（m²）	体积（m³）	合计	合计体积（m³）
结构墙 – 200mm	直到标高：G_JF（32.320）	G_JF（32.320）	31.51	6.3	8	50.4
结构墙 – 300mm	直到标高：G_F01（−0.080）	G_B01（−5.750）	140.05	42.01	4	168.04
结构墙 – 400mm	直到标高：G_F01（−0.080）	G_B01（−5.750）	613.49	234.51	3	703.53

建筑结构楼板明细表见表 3-15。

建筑结构楼板明细表 表 3-15

族与类型	周长（mm）	体积（m³）	面积（m²）
总计	15676936	1651.59	12939.48

建筑设备基础明细表见表 3-16。

建筑设备基础明细表 表 3-16

族与类型	基础厚度（mm）	面积（m²）	体积（m³）	合计体积（m³）
条形设备基础	600	24.97	14.98	14.98

学习小结

通过本章节的学习，读者能够认识绿色建筑概念、建筑性能化分析概念，对BIM算量分析有一定的掌握；可以进行初步的性能化仿真模拟应用；认识"双碳"计划，在建筑生产过程中，了解性能化分析对"双碳"计划的重要性。

知识拓展

案例分享

以全国第一款轻量化建筑碳排放计算分析专用软件——"东禾建筑碳排放计算分析软件2.0版"碳排放操作模板为例，该软件引入区块链技术、Web-BIM技术在网页端进行可视化的建筑碳排放计算分析，构建BIM模型解析一步到位、结果可循可视的碳排放计算分析新模式。

（1）对标核算标准

用《民用建筑碳排放计算导则》支撑《建筑碳排放计算标准》GB/T 51366—2019和《建筑节能与可再生能源利用通用规范》GB 55015—2021，以提供可适应建筑全生命周期不同阶段的碳排放预测、估算、精算和核算等功能，满足不同类型用户的差异化碳排放计算分析需求（图3-7）。

图3-7 案例碳排放导入数据界面

（2）确定碳排放源

建筑全生命周期碳排放计算包括三个阶段：建材生产及运输阶段、建造及拆除阶段、运行阶段。以建材生产阶段为例，可基于 BIM 模块上传 ".rvt" 模型文件，使用"智能导入数据功能"导入建材生产阶段信息，对建材生产阶段进行碳排放量计算，保证碳排放源不重不漏（图 3-8）。

图 3-8　确定碳排放源

（3）量化碳排放

准稳态模拟思路计算建筑运行能耗和相应的碳排放，提升计算结果的精细度。对于运行能耗计算，将根据建筑基本信息、围护结构、建筑材料、建筑功能分区、照明与用电设备、热水及太阳能热水器、电梯、暖通、通风、光伏、风电、绿化碳汇的具体详细数据计算总碳排放量及碳排放强度（图 3-9）。

图 3-9　量化碳排放

（4）生成碳排放测算报告

可自动生成建筑碳排放计算分析报告，明晰展示建筑全生命周期各阶段活动数据及碳排放量，数据客观完整，分析功能强，图表展示直观（图 3-10）。

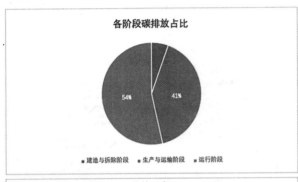
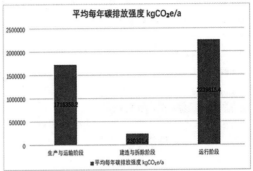
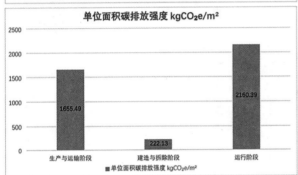
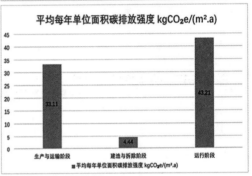

图 3-10　碳排放测算报告

学习资源

1. 某中学绿色建筑设计与性能化分析案例（附二维码）；
2. 某站厅层人员疏散模拟视频（附二维码）。

某中学绿色建筑设计与性能化分析案例

某站厅层人员疏散模拟视频

习题与思考

习题参考答案

1. 填空题

（1）碳排放计算一般分为如下几个阶段：_____。

（2）建筑性能化分析一般有：＿＿＿＿＿＿＿＿＿＿＿＿＿＿＿＿＿＿＿＿。

2. 选择题（每题有至少一个正确选项）

（1）下列哪些是绿色建筑认证体系（　　　）。

A.
B.
C.
D.

（2）国内常用的 BIM 造价软件有（　　　）。

A. 鸿业　　　　　　　　　　　　　B. 广联达

C. 新点　　　　　　　　　　　　　D. 鲁班

3. 问答题

（1）什么是"双碳"计划？

（2）谈谈你对 BIM 算量造价分析的理解。

3.3 数字化辅助审查

教学目标 📖

一、知识目标

1. 熟悉数字化辅助审查的目的、方式、内容等基本知识;
2. 掌握数字化审查的基本内容及要点。

二、能力目标

1. 掌握数字化审查的基本方法;
2. 理解数字化审查要点的背后逻辑。

三、素养目标

具备审查人员的素质,能对 BIM 模型进行数字化审查并形成审查报告。

学习任务 🖼

基于审查要点对 BIM 设计成果进行数字化辅助审查。

建议学时 ⊡

4 学时

思维导图

3.3.1 基本知识

1. 审查目的

数字化辅助审查包含两层含义：一是对 BIM 模型的数字化审查，其目的是保证 BIM 应用的落地和数字化交付归档；二是基于 BIM 模型对设计进行辅助审查，其目的是提升施工图设计审查的效率和质量。

2. 审查方式

目前数字化辅助审查的形式主要有两种：一是基于轻量化 BIM 模型的网页端审查；二是专家基于 BIM 原始模型文件的审查。其中，前者又可细分为 BIM 智能审查和人工批注审查，网页端审查的优势之一是可以自动审查相关报告。

3. 审查内容

从审查内容上讲，主要分为模型质量审查、设计质量审查和图模一致性审查。其中图模一致性审查，在不能实现完全正向设计之前，是所有工作的前提，且在审查任务中占据较大的工作量。

3.3.2　模型质量审查

1. 模型规范性审查（表 3-17）

模型规范性审查表　　　　　　　　　　　　　表 3-17

审查点		审查内容
基本设置	坐标系	模型使用说明、总装文件的坐标系与设计图纸是否一致； 建议采用大地 2000 坐标系
	高程系统	模型使用说明、总装文件的坐标系与设计图纸是否一致
	单位	BIM 模型单位采用公制毫米（mm）
构件检查	一般要求	通过抽查的方式，核查构件拆分、构件命名、构件编码、材质命名、材质设置等内容； 通过生成构件明细表进行核查，将构件所属系统、编码、材质、几何尺寸、属性信息等作为必要表格内容
	构件拆分	（1）构件拆分是否满足模型系统划分和 BIM 应用要求； （2）不应将多个类型的构件作为一个参数化组合式构件进行建模
	构件命名	（1）是否具有统一、正确的构件命名方式； （2）主要构件必须命名，如"墙 –600mm""框梁 –400×1200"
	构件编码	是否进行构件编码； 在施工图设计 BIM 模型阶段，主要构件的区段代码、专业代码、分部代码和分项代码是必要检查项
	材质命名	按照"材质类型 + 等级"的格式核查材质命名，如"混凝土 –C30"
	材质设置	核查材质的贴图是否与真实的效果贴近

2. 模型协调性审查（表 3-18）

模型协调性审查表　　　　　　　　　　　　　表 3-18

审查点	审查内容
剪切关系	核查模型是否存在模型重叠和重影的情况； 剪切关系按照受力或清单的划分要求，进行界面划分
模型衔接	专业间、标段分界处的模型衔接处，核查是否存在错位； 对同一类型构件，其尺寸、样式、材质应保持一致

3.3.3　设计质量审查

1. 碰撞检查（表 3-19）

碰撞检查表　　　　　　　　　　　　　表 3-19

构件类别		问题类别	核查内容
土建类	柱	设计一致问题	①建筑与结构平面图，截面是否一致
		图纸准确问题	②柱平面图尺寸标注与绘制尺寸是否一致 ③柱平面图，柱的标注是否完整，有无遗漏

构件类别		问题类别	核查内容
土建类	墙	设计一致问题	① 结构墙，建筑与结构平面图，截面是否一致 ② 结构墙，机电预留孔洞套管核对 ③ 外墙机电预留洞口是否与机电图纸一致 ④ 内墙机电预留洞口是否与机电图纸一致
		图纸准确问题	⑤ 机电管线如需穿玻璃幕墙，是否有相关技术处理、节点做法 ⑥ 建筑墙，标号、材料是否都表达清楚
	梁	设计碰撞问题	① 梁高是否影响门窗预留洞口 ② 梁高是否影响门的开启
		设计一致问题	③ 梁平面图宽度尺寸标注与绘制宽度是否一致
		设计合理问题	④ 梁与梁之间搭接是否合理 ⑤ 梁预留洞口是否合理 ⑥ 楼板有高差处，高处与低处跨标高梁设计是否合理
	板	设计一致问题	① 建筑与结构楼板边线是否一致 ② 建筑与结构楼板预留洞口是否一致
	楼梯	设计一致问题	① 建筑图纸与结构图纸是否一致
		设计合理问题	② 楼梯间是否有梁影响楼梯疏散宽度 ③ 楼梯间是否有梁影响楼梯设计净高要求
	汽车坡道	设计一致问题	① 建筑图纸与结构图纸是否一致
		设计合理问题	② 结构墙是否影响坡道宽度 ③ 梁是否影响坡道净高，坡道净高最低处核查
	吊顶	设计一致问题	① 吊顶平面图纸房间划分是否与建筑图纸一致 ② 内装机电末端预留孔洞与机电图纸是否一致
		设计合理问题	③ 吊顶饰面板网格划分是否合理，是否有尺寸太小不易切割安装部分 ④ 吊顶如设置有加强层，加强层是否对机电管线造成安装影响
	电梯井道	设计合理问题	① 电梯井道是否有结构板、梁影响空间 ② 是否有结构构件影响电梯门的预留洞口
	设备管井	设计合理问题	① 如各楼层设备管径尺寸一致，核查其在垂直方向是否对齐 ② 是否有结构构件影响设备管井净空间
	门	设计一致问题	① 平面图门的绘制宽度与标注宽度是否一致 ② 平面图与立面图门的位置是否一致
		设计合理问题	③ 相邻较近的门是否存在开启互撞问题 ④ 防火卷帘设置处，是否有结构构件影响防火卷帘箱的安装
	窗	设计一致问题	① 平面图门的绘制宽度与标注宽度是否一致 ② 平面图与立面图窗的位置是否一致
		设计合理问题	③ 内墙位置是否影响到外窗的开启
机电类	风管	图纸准确问题	① 风管尺寸、标高、系统、材质以及安装要求等标注信息是否准确 ② 风管阀门、阀件、保温等附件是否遗漏，或者表达是否准确 ③ 立管位置及尺寸是否对应合理，以及管径大小是否合理 ④ 设备标号是否准确，材料统计表是否完整 ⑤ 风口及其他附件信息是否准确，材料统计表是否完整 ⑥ 大样详图是否准确、完整
		设计一致问题	⑦ 风管系统原理图是否与平面图是否一致 ⑧ 与其他专业之间的相应图纸是否一致
		设计合理问题	⑨ 设计高度是否满足使用要求

构件类别		问题类别	核查内容
机电类	风管	设计碰撞问题	⑩ 风管是否与结构碰撞，以及二次墙、顶板预留孔洞是否合理 ⑪ 风口、风阀等末端位置是否布置合理，是否与其他专业碰撞
	水管	图纸准确问题	① 水管尺寸、标高、系统、材质以及安装要求等标注信息是否准确 ② 水管阀门、阀件、保温等附件是否遗漏，或者表达是否准确 ③ 立管位置及尺寸是否对应合理，以及管井大小是否合理 ④ 设备标号是否准确，材料统计表是否完整 ⑤ 阀门及其他附件信息是否准确，材料统计表是否完整 ⑥ 大样详图是否准确、完整
		设计一致问题	⑦ 水管系统、流程图是否与平面图一致 ⑧ 与其他专业之间的相应图纸是否一致
		设计合理问题	⑨ 设计高度是否满足使用要求
		设计碰撞问题	⑩ 水管是否与结构碰撞，以及一次墙、梁、顶板预留套管是否合理 ⑪ 喷头、洁具等末端位置是否布置合理，是否与其他专业碰撞
	电气	图纸准确问题	① 桥架尺寸、标高、系统、材质以及安装要求等标注信息是否准确 ② 电箱的尺寸、位置，系统等信息是否准确 ③ 桥架立管位置及尺寸是否对应合理，以及管径大小是否合理 ④ 电箱、设备等材料统计表是否准确完整 ⑤ 灯具、烟感、指示灯等信息是否准确 ⑥ 大样详图是否准确、完整
		设计一致问题	⑦ 桥架系统、流程图是否与平面图是否一致 ⑧ 设备用电量是否与其他机电专业一致
		设计合理问题	⑨ 设计高度是否满足使用要求
		设计碰撞问题	⑩ 桥架是否与结构碰撞，以及一次墙、梁、顶板预留套管是否合理 ⑪ 灯具、烟感、指示灯等点位位置布置是否合理，是否与其他专业碰撞

2. 管线综合检查

（1）管线调整

管线调整指对施工图机电管线进行合理的优化排布，并不改变原有的设计方案。管线调整原则是：尽量利用梁内空间。绝大部分管道在安装时均为贴梁底布管，梁与梁之间存在很大的空间，尤其是当梁很高时。在管道十字交叉时，这些梁内空间可以充分利用。在满足弯曲半径及管件安装高度条件下，空调风管和有压水管均可以通过翻转到梁内空间的方法，避免与其他管道冲突，保持路由通畅，满足层高要求。有条件时，消防水管、给水管、桥架、喷淋、多联机气液管等可穿梁布置。

（2）各种管线的平面布置避让原则

1）有压力管道让无压（重力流）管道。无压管道内介质仅受重力作用由高处往低处流，其主要特征是有坡度要求、管道杂质多、易堵塞，所以无压管道要尽量保持直线，满足坡度要求，避免过多转弯，以保证排水顺畅。有压管道是在压力作用下克服沿程阻力沿一定方向流动，一般来说，改变管道走向，交叉排布，绕道走管对其产生的影响较小。

2）可弯管道让不可弯管道。

3）小管径管道让大管径管道。通常来说，大管道由于造价高、尺寸、重量大等原因，一般不会做过多的翻转和移动。应先确定大管道的位置，而后布置小管道的位置。在两者发生冲突时，应首先考虑调整小管道，因为小管道造价低且所占空间小，易于更改路由、安装较方便。

4）附件少的管道避让附件多的管道。安装多附件管道时注意管道之间留出足够的空间（需考虑法兰、阀门等附件所占的位置），这样有利于施工操作以及今后的检修、更换管件。

5）金属管避让非金属管。因为金属管较容易弯曲、切割和连接。

6）施工简单的管道避让施工难度大的管道。

7）垂直面排列管道原则。

8）无腐蚀介质管道在上（如消防水、给水），腐蚀介质管道在下。

9）气体介质管道在上（如送回风、消防排烟），液体介质（如消防水、给水）管道在下。

10）高压管道在上，低压管道在下。

11）金属管道在上，非金属管道在下。

12）不经常检修的管道在上，经常检修的管道在下。

13）考虑机电末端空间。整个管线的布置过程中应考虑到以后送回风口、灯具、烟感探头、喷淋头等的安装，合理地布置吊顶区域机电各末端在吊顶上的分布（按末端点位图）以及电气桥架安装后布线的操作空间。同时，还要考虑到保温层厚度、施工维修所需要的间隙（50~100mm）、吊架角钢（50~160mm）、石膏板吊顶及龙骨所占空间（100mm）以及有关设备如吊柜空调机组和吊顶内灯具安装高度（管道在间隙安装，不另外给高度）、装修造型等各种有关因素。

（3）布局出图

管线优化调整完后，在模型空间内进行布局出图，图纸包括平面图、剖面图、局部三维等。所有的图纸相关标注信息皆来源于模型实际信息，非手动添加（如管道的相关楼层偏移标高，会随模型高度的变化而变化）。

3.3.4 图模一致性审查

图模一致性审查内容见表 3-20。

图模一致性审查表　　　　　　　　　　　　　表 3-20

审查点	审查内容
模型图纸联动比对	（1）消防、节能等专项设计信息是否与设计图纸一致； （2）模型平面、立面、剖面视图名称是否与图纸一致，视图尺寸标注信息是否完善； （3）模型结构平面布置视图是否与图纸一致，视图尺寸信息标注是否完善； （4）给水排水平面、立面、剖面视图名称是否与图纸一致，视图尺寸标注是否完善； （5）电气平面、立面、剖面视图名称是否与图纸一致，视图尺寸标注是否完善； （6）暖通平面、立面、剖面视图名称是否与图纸一致，视图尺寸标注是否完善

审查点		审查内容
模型精细度	一般要求	（1）各系统管路的管道材质是否明确； （2）是否对综合管网进行满足规范要求的调整和排布； （3）建筑专业所有竖向构件要分层建立、建筑构件表皮材质需要实际显示一致，必要时可以贴图； （4）结构专业所有竖向构件要分层建立； （5）管道系统连续创建，跨楼层不断开；管道颜色参照国标图集、未定义部分可自定义列入模型说明文件
	总图	（1）场地内主要道路、草坪、停车场、消防车道等场所功能区域划分表达是否明确； （2）场地边界和方位是否明确； （3）红线范围外场地、道路信息是否明确
	建筑	（1）楼地面、内墙、幕墙、屋顶、外围护结构等主要建筑构件是否完整； （2）主要建筑构件的材质是否设置； （3）功能房间名称是否设置； （4）坡道散水等其他构件是否内容完整； （5）预埋件及预留孔洞是否完整表达； （6）建筑墙按照附表A模型代码分项是否准确，示例：墙_F1_200； （7）墙体外立面材质、命名、颜色表达是否与设计图一致，分隔缝是否表达准确，内部材质颜色不做强制审查； （8）其他构件与图纸一致，参照以上部分； （9）主要建筑构造部件、主要建筑设备和固定设施、主要建筑装饰构件是否完整； （10）主要建筑构件，如楼地面、柱、外墙、屋顶、幕墙、内外墙、门、窗、天窗、夹层、平台雨篷、楼梯等是否完整
	结构	（1）基础结构构件是否完整表达； （2）剪力墙、结构梁、结构柱等结构构件是否表达完整； （3）后浇带、施工缝、伸缩缝等是否完整表达； （4）基础部分构件是否内容完整； （5）结构主体构件是否内容完整； （6）楼梯、坡道等其他构件是否内容完整； （7）主要预埋件及预留孔洞是否内容完整； （8）是否表达构造做法（如女儿墙、盖圈梁、构造柱、折板等）
	给水排水	（1）各专业系统管路干管支管是否完整表达； （2）管道附件、阀门组等管件是否完整表达； （3）管道系统是否有明确分类； （4）卫浴装置是否布置及定位； （5）水管系统及名称准确，水管类型需要命名与水管系统一致；水管系统材质准确、颜色准确；如有过滤器颜色与材质颜色一致；图模一致性正确，水管单专业无碰撞；与其他机电管道专业无碰撞； （6）是否完整表达各类泵房、机房管道、管路附件和主体设备模型； （7）管道及附件的材质、规格是否明确
	电气	（1）主要设备（机柜、配电箱、变压器、发电机）模型，是否有明确的系统分类； （2）是否完整表达变配电站、发电机、开关柜和控制柜模型； （3）是否完整表达消防控制室和主要消防设备模型； （4）是否完整表达主要电气桥架（线槽）、母线模型； （5）电气桥架系统及名称准确，桥架配件仔细核查，配件上弯头、下弯头配置准确，梯式桥架槽式桥架表述准确；桥架材质需预设参数并且名称准确；电线电缆配管管径≥70mm的需要建置配管模型
	暖通	（1）伸缩器、入口装置等辅助设备是否完整表达； （2）风管系统及名称准确，风管类型需要命名与风管系统一致，如Revit建模需要考虑如排烟系统需要用排风的进行复制，新风系统需要用送风进行复制；风管系统材质准确、颜色准确；如有过滤器颜色与材质颜色一致；图模一致性正确，风管单专业无碰撞；与其他机电管道专业无碰撞； （3）是否完整表达暖通系统的主要设备（冷水机组、新风机组、空调器）； （4）是否完整表达管路系统模型； （5）是否有明确的系统分类； （6）各系统管路的管道材质、规格是否明确； （7）是否表达各系统附件，如风管阀门、风口、消声器、水管阀门

续表

审查点		审查内容
几何表达精度	一般要求	（1）是否按照指南相应专业规定满足几何表达精度要求； （2）各专业的建筑构件空间占位及构件间连接关系是否表达准确； （3）各单体、各楼层、各专业间的相对位置关系是否表达准确
	总图	（1）场地边界和位置、主要道路位置及界面尺寸是否明确； （2）场地地形模型范围、表面材质、基点高程点数据是否准确； （3）路面铺装、人行道、路缘、排水沟材质尺寸是否与设计一致； （4）路灯、信号灯、多杆合一等设施尺寸与基础是否表达准确； （5）场地附属设施包括室外管网，尺寸、位置、高程是否与图纸一致
	建筑	（1）屋顶、楼地面、坡道、台阶、楼梯、雨篷等构件模型的尺寸、标高是否与图纸一致； （2）门窗数量、尺寸、样式是否与图纸一致； （3）其他构件与图纸一致，参照以上部分； （4）建筑物主体外观形状和几何尺寸是否明确
	结构	（1）后浇带、施工缝、伸缩缝等宽度、位置是否表达； （2）混凝土构件如结构基础、梁、板、柱、剪力墙位置尺寸准确，混凝土强度准确，命名参照建筑墙；混凝土结构节点需要位置尺寸准确； （3）其他类构件如钢结构需要位置尺寸准确，钢材强度准确，命名参照建筑墙； （4）各类结构构件的截面尺寸是否明确
	给水排水	给水系统： （1）管道布局：给水系统的管道布局是否符合设计要求，包括管道的位置、数量、长度、直径等； （2）管道连接：给水系统的管道连接是否正确，包括管道的连接方式、管道的连接点、管道的连接材料等； （3）设备配置：给水系统的设备配置是否合理，包括水泵、水箱、阀门等设备的位置、数量、规格等是否符合设计要求。 排水系统： （1）管道布局：排水系统的管道布局是否符合设计要求，包括管道的位置、数量、长度、直径等； （2）管道连接：排水系统的管道连接是否正确，包括管道的连接方式、管道的连接点、管道的连接材料等； （3）设备配置：排水系统的设备配置是否合理，包括排水泵、检查井、阀门等设备的位置、数量、规格等是否符合设计要求。 管道材料： （1）管道材质：给水排水系统中的管道材质是否符合设计要求，包括管道的材质、厚度、强度等； （2）管道保护：给水排水系统中的管道保护是否符合设计要求，包括管道的防腐、防蚀、防冻等措施是否到位。 设备细节： （1）阀门：给水排水系统中的阀门是否符合设计要求，包括阀门的类型、规格、数量、位置等； （2）泵：给水排水系统中的泵是否符合设计要求，包括泵的类型、规格、数量、位置等； （3）检查井：给水排水系统中的检查井是否符合设计要求，包括检查井的数量、位置、深度等
	电气	电气布线： （1）布线方式：电气系统的布线方式是否符合设计要求，包括单回路、双回路、环网等布线方式，以及布线的路径、长度等； （2）线缆规格：电气系统中的线缆规格是否合理，包括线缆的截面积、导体数量、绝缘材料等； （3）线缆敷设：电气系统中的线缆敷设是否符合设计要求，包括线缆的敷设方式、敷设路径、敷设深度等。 电子设备： （1）配电箱：电气系统中的配电箱是否符合设计要求，包括配电箱的类型、规格、数量、位置等； （2）开关柜：电气系统中的开关柜是否符合设计要求，包括开关柜的类型、规格、数量、位置等； （3）照明设备：电气系统中的照明设备是否符合设计要求，包括灯具的类型、规格、数量、位置等

续表

审查点		审查内容
几何表达精度	电气	接地系统： （1）接地方式：电气系统的接地方式是否符合设计要求，包括 TN–S、TN–C–S、TT 等接地方式； （2）接地电阻：电气系统的接地电阻是否达到设计要求，以确保人身安全； （3）接地线材：电气系统中的接地线材是否符合设计要求，包括线材的规格、长度、敷设方式等。 系统保护： （1）过电压保护：电气系统中的过电压保护是否符合设计要求，包括过电压保护器的类型、规格、数量、位置等； （2）过载保护：电气系统中的过载保护是否符合设计要求，包括保护器的类型、规格、数量、位置等； （3）短路保护：电气系统中的短路保护是否符合设计要求，包括保护器的类型、规格、数量、位置等。 桥架连接： 桥架的连接方式是否符合设计要求，包括连接件的类型、规格、数量等
	暖通	空调系统： （1）空调系统的类型是否符合设计要求，包括中央空调、分体式空调、VRV 空调等； （2）空调系统的布置方式是否符合设计要求，包括空调室内机、室外机、管道、风口等的位置、数量、尺寸等； （3）空调系统的管道敷设方式是否符合设计要求，包括管道的路径、长度、直径等； （4）空调系统的风口布置方式是否符合设计要求，包括风口的数量、位置、尺寸等。 供暖系统： （1）供暖系统的类型是否符合设计要求，包括地暖、壁挂炉、采暖锅炉等； （2）供暖系统的布置方式是否符合设计要求，包括供暖设备、管道、散热器等的位置、数量、尺寸等； （3）供暖系统的管道敷设方式是否符合设计要求，包括管道的路径、长度、直径等； （4）供暖系统的散热器布置方式是否符合设计要求，包括散热器的数量、位置、尺寸等。 新风系统： （1）新风系统的类型是否符合设计要求，包括集中新风系统、分散新风系统等； （2）新风系统的布置方式是否符合设计要求，包括新风设备、管道、排风口等的位置、数量、尺寸等； （3）新风系统的管道敷设方式是否符合设计要求，包括管道的路径、长度、直径等； （4）新风系统的排风口布置方式是否符合设计要求，包括排风口的数量、位置、尺寸等。 管道系统： （1）管道系统的类型是否符合设计要求，包括冷水管道、热水管道、燃气管道等； （2）管道系统的布置方式是否符合设计要求，包括管道的位置、数量、尺寸等； （3）管道系统的敷设方式是否符合设计要求，包括管道的路径、长度、直径等； （4）管道系统的连接方式是否符合设计要求，包括连接件的类型、规格、数量等
信息深度		（1）按照项目基本信息内容，核查模型信息录入是否准确； （2）按照项目基本信息内容，核查模型信息录入是否准确； （3）建筑构件是否包括主要建筑构件的信息和技术参数； （4）给水排水管道及附件是否包括系统信息； （5）电气主要设备、辅助设备是否包括系统信息、设备信息； （6）暖通主要设备、辅助设备是否包括系统信息、设备信息； （7）总图技术经济指标是否表达完整； （8）基础、承重墙、结构梁等结构构件是否包含材料组成信息； （9）女儿墙、构造柱等是否表达构造做法信息； （10）是否附加构件材料组成施工参数信息； （11）管道及附件是否包括系统信息、设备信息等； （12）主要设备、辅助设备是否包括系统信息、设备信息等

学习小结

通过本节的学习，读者可以熟悉数字化辅助审查的目的、方法、内容等基本知识和要点，理解其背后逻辑。读者一方面可以通过自查，发现不足和缺陷，进行修改和完善，提升设计质量，另一方面可以对其他团队提交的成果进行审查或验收，发现并提出问题，督促或指导其整改。

知识拓展

 学习资源

1. 某地区推进施工图 BIM 审查的政策文件（附二维码）；
2. 某地区建设工程施工图 BIM 审查告知书（附二维码）。

某地区推进施工
图 BIM 审查的
政策文件

某地区建设工
程施工图 BIM
审查告知书

习题与思考

习题参考答案

1. 填空题

（1）数字化辅助审查的目的是：_____。

（2）数字化辅助审查的主要内容有：_____
_____。

（3）土建结构梁设计质量审查的主要内容包括：_____
_____。

2. 选择题

（1）（多选）模型质量审查的内容包含（　　　）。

A. 构件拆分、命名和编码

B. 材质命名和设置

C. 模型剪切关系

D. 模型衔接

（2）目前各地实行的 BIM 智能审查，主要是指（　　　）。

A. 方案 BIM 审查

B. 初步设计 BIM 审查

C. 施工图 BIM 审查

D. 竣工 BIM 审查

3. 问答题

（1）为什么要进行数字化辅助审查?

（2）从模型精细度、几何表达精度、信息深度三个方面，谈谈你对图模一致性的理解。

第 4 章
施工阶段数字一体化设计

4.1　深化设计

教学目标

一、知识目标

1. 了解土建模型深化设计包含的内容和步骤；

2. 了解机电模型深化设计的内容和步骤；

3. 了解模型更新优化的注意事项。

二、能力目标

1. 能在设计 BIM 模型的基础上进行土建专业和机电专业的深化设计应用；

2. 能在施工过程中根据变更图纸持续更新 BIM 模型，保持模型的时效性。

三、素养目标

利用数字一体化思维进行深化设计。

学习任务

了解土建模型和机电模型的深化设计的内容，掌握常规的深化设计应用流程和方法。

建议学时

4 学时

思维导图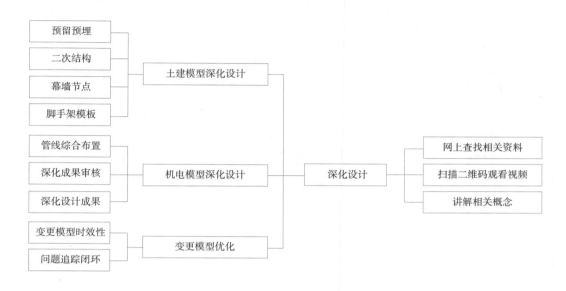

工程施工阶段的深化设计应用是指在上游 BIM 模型基础上进行各项深化工作，形成深化模型和应用成果。

一般来说，深化设计应用包括土建、钢结构、机电、预制装配式结构等深化设计工作，在一般房建工程施工阶段，BIM 应用普遍包含土建和机电模型深化设计。深化设计的重点是强调施工过程中各专业间的协调一致性，合理分配各类构件的空间，确定构件的定位，方便施工安装和交付后的运维检修。进行 BIM 深化设计应用的好处是可以通过协调各专业形成精确的构件定位，预留施工空间，避免因位置冲突、碰撞、施工空间不足等原因导致的施工返工、资源浪费和工期延误。深化设计的步骤一般是在校核上游 BIM 模型基础上，针对不同类型的深化设计方案和操作流程，进行深化设计。

4.1.1　土建模型深化设计

土建模型深化设计一般包括预留预埋深化、二次结构深化、幕墙深化、脚手架模板深化等。

土建模型深化设计应用的步骤是按照设计图纸文件、各项施工方案资料和施工现场条件创建对应的深化设计模型，进行对应的分析应用。

1. 预留预埋深化

预留预埋深化是在土建模型中，结合图纸对重点预埋件、预埋管及预留孔洞进行建模，辅助后期管线、设备及构件的安装。预留预埋深化设计工作一般是在机电深化设计之后进行，在确认机电管线布线路由和设备定位后，整合土建和机电模型，在土建模型中对混凝土墙、砌体墙件、结构梁、结构板等构件进行开洞处理，同时进行预埋件和预埋套管的建模。预留洞口和预埋套管的尺寸、定位和标高主要取决于该处穿过土建构件的机电管线，因此要特别注意工作顺序，若机电管线位置和定位有更新，需及时更新预留预埋模型，避免造成误解和不必要的施工返工。另外，在制作施工工艺节点时，应制作包括预埋螺栓在内的深化设计模型。

预留预埋深化设计模型包括预埋件、预埋管、预埋螺栓、预留孔洞等，其几何信息应包括准确的位置和几何尺寸，非几何信息应包括类型、材料等信息。

预留预埋深化设计的成果主要有预留预埋深化模型、预留预埋定位平面图等。图4-1所示为预留预埋深化成果图。

2. 二次结构深化

二次结构深化是对二次结构进行深化设计出图，形成排布施工图，并做现场交底，提取工程量，有效把控现场施工提量，避免材料浪费，提升现场施工质量。二次结构深化设计包括构造柱、过梁、止水反梁、女儿墙、压顶、填充墙、隔墙等构件的深化建模。二次结构几何信息应包括其准确的位置和几何尺寸，非几何信息应包括类型、材料、工程量等信息。

砌体排布是二次结构深化的一项重要工作，根据砌体墙墙身构造图和施工设计说明等资料，对砌体模型进行深化设计，进行构造柱建模、过梁建模、砌体砖排布等建模工作，设置好砖体材料和规格、预留洞口、灰缝宽度等参数，形成三维砌体排砖深化模型，可形成准确的砌体砖体积、块数等工程量信息，同时三维砌体模型也可以用来进行施工交底。以二次结构深化模型为基础，也可以进行施工工艺模拟。图4-2所示为砌体深化模型。

3. 幕墙深化

幕墙深化是对空间异形的建筑幕墙进行深化设计。空间异形的建筑表皮在传统CAD二维表达中较难直接进行表达，需要通过三维设计软件，对空间构件进行定位和

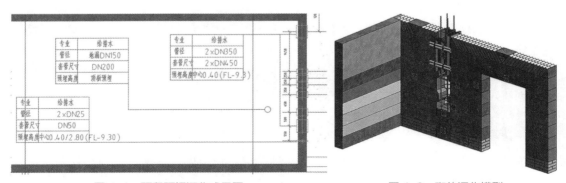

图4-1　预留预埋深化成果图　　　　　　　图4-2　砌体深化模型

深化设计，通过三维 BIM 软件，将深化设计信息和定位信息进行明确，并形成最终的工程文档。

幕墙深化一般借助参数化编程软件，通过节点组合生成各种复杂构件，并计算各类材质的工程量。生成异形幕墙的节点组合通常较多，节点关系也较为复杂，图 4-3 所示为 Rhino+GH 复杂幕墙参数化编程界面截图。

三维深化后的幕墙模型，可以直接用于生产套料和下单，提升异形构件的下料速度和精度，并通过三维模拟拼装，确保最终的视觉效果，借助 BIM 模型，对每一个建筑，从一根型材到一颗螺丝钉，都进行了空间定位。图 4-4 所示为某项目幕墙深化设计模型示例。

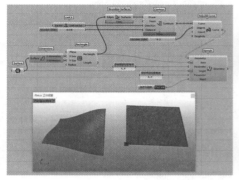

图 4-3 Rhino+GH 参数化编程

图 4-4 某项目幕墙深化设计模型

高精度的幕墙模型可以直接提取工程量，而且精度可以从分部分项的笼统统计，深入到工程量精度达到加工级别，型材长度纵使千变万化，也可以统计得一清二楚。图 4-5 所示为幕墙工程量统计表。

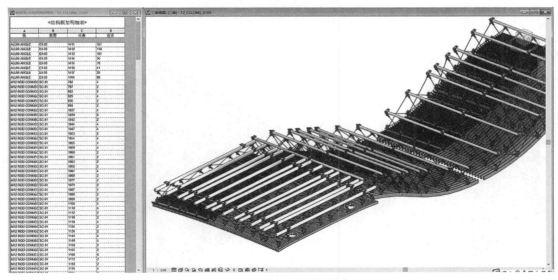

图 4-5 幕墙工程量统计表

4. 脚手架模板深化

脚手架模板深化是根据设计图纸、施工方案和相应规范，在土建模型基础上进行脚手架模板深化设计，对结构柱、结构梁、结构墙、结构板、楼梯等主体构件进行脚手架和模板建模。脚手架模板深化可用来作为施工工艺模拟和施工方案模拟的模型基础，可用来进行三维交底。图 4-6 所示为结构柱模板深化设计模型。

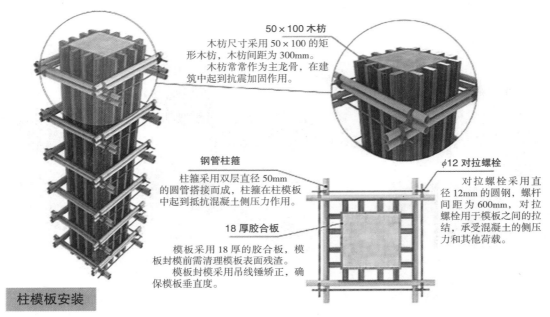

50×100 木枋
木枋尺寸采用 50×100 的矩形木枋，木枋间距为 300mm。木枋常常作为主龙骨，在建筑中起到抗震加固作用。

钢管柱箍
柱箍采用双层直径 50mm 的圆管搭接而成，柱箍在柱模板中起到抵抗混凝土侧压力作用。

18 厚胶合板
模板采用 18 厚的胶合板，模板封模前需清理模板表面残渣。模板封模采用吊线锤矫正，确保模板垂直度。

φ12 对拉螺栓
对拉螺栓采用直径 12mm 的圆钢，螺杆间距为 600mm，对拉螺栓用于模板之间的拉结，承受混凝土的侧压力和其他荷载。

柱模板安装

图 4-6　结构柱模板深化设计模型

图 4-7 所示为结构墙脚手架模板深化模型；图 4-8 所示为现浇楼梯脚手架模板深化模型。

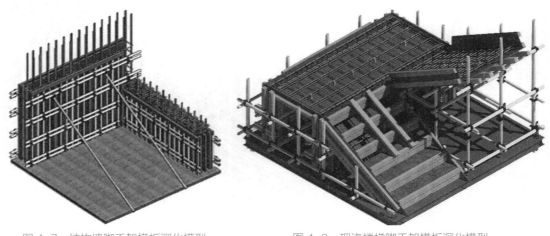

图 4-7　结构墙脚手架模板深化模型　　图 4-8　现浇楼梯脚手架模板深化模型

4.1.2　机电模型深化设计

机电模型深化是利用 BIM 模型的三维可视性和协调性,整合土建和机电各专业模型,综合考虑管线排布、净高、施工空间等因素,对机电管线进行综合排布的过程。机电模型深化设计能避免机电各专业间以及与结构间的碰撞,并进行综合支吊架设计,在建筑施工之前定位出墙套管定位点,避免二次开洞。深化过程中需充分考虑施工可行性、其他专业构件影响范围、保温厚度、检修空间、支吊架空间、施工空间、预留预埋、洞口、美观、使用性等多种客观因素,最终生成一套可指导现场施工的深化图纸。

1. 机电综合管线布置原则

管线综合布置前,应明确管线综合布置一般原则及规范,基于机电各专业模型进行各专业管线综合设计。管线综合设计工作分两步走,首先满足项目土建预留预埋,进行机电主管线与一次结构深化设计,其次满足精装修要求对机电末端进行深化设计。表 4-1为管线综合布置基本原则。

管线综合布置基本原则　　　　　　　　　　　　　　表 4-1

序号	原则	具体内容
1	满足深化设计施工规范	机电管线综合应保持各专业系统设计原意,保证各个系统正常功能使用。满足业主对建筑空间要求及建筑本身的使用功能要求的情况下遵循大管优先布置,临时管道避让长久管道、有压管道避让无压管道、金属管道避让非金属管道、附件少的管道避让附件多的管道、管线交叉考虑低成本管道翻弯等
2	合理利用空间	机电管线的布置应在满足使用功能、路径合理、方便施工、尽可能降低施工成本的原则下集中布置,系统主管线集中布置在公共空间区域
3	满足施工和维修空间	充分考虑系统调试、检测和维修等要求,合理确定各种设备、管线、阀门和开关的具体尺寸和安装空间,避免管线碰撞
4	满足装饰吊顶	机电管线综合布置应充分考虑机电安装完成后各个区域的净高要求,特别是走廊、大空间(如大堂等),在无吊顶区域(如车库、设备房等)管线整体排布整齐、合理、美观
5	保证结构安全	机电管线需要穿梁、穿一次结构墙时,应与结构设计师充分沟通,保证结构的绝对安全

在实际项目中,机电管线深化设计时在满足大原则的前提下管线综合协调过程中还应依据实际情况综合布置,具体原则不再赘述。

2. 深化设计成果的审核要求

机电管线深化设计的主要成果是深化设计图纸、深化设计报告等。其中深化设计图纸需满足审批和审核要求,方可用于指导施工。

(1)机电管线深化设计方将按工程进度或按建筑师 / 工程师的要求呈交招标范围有关系统的深化设计和施工图,供监理单位、设计单位和有关部门审批。

(2)深化设计的单位需获得监理单位、设计单位的认可,有关图纸内容至少包括平面图、立面图和剖面图。除显示所有有关设备、管道、电气线路、控制装置和附属配件的布置安排外，还需显示各附件的位置、施工土建配合要求、与其他机电承包合同的分界面和一切施工所需的大样详图。

（3）无论在任何情况和位置，机电系统管道和设备的安装均须保持最大的使用空间和净空高度，一旦发现有关净空高度或空间不足够时，须在施工前通知相关单位。

（4）深化施工图深度必须达到国内设计单位的标准要求。

（5）有关图纸经各审批单位初步批阅后，机电管线深化设计方将综合有关意见加以修改，然后再安排送业主审核，直至图纸获批准为止。

（6）各专业初步深化施工图经批核后，机电深化设计方将负责配合设计单位绘制综合设施施工图和土建综合留洞图的设计工作，配合绘制综合天花图。机电深化设计方全面配合协调并完成确定设备管道的走向和标高。综合管线图和综合天花图在得到批准后，机电深化设计方应二次全面修改其专业图纸，并按照规定的程序进行报审。在二次深化设计图纸得到相关方批准后，机电深化设计方向相关专业承包单位送上电子版图纸以作深化或配合其专业施工图之用。

3. 机电深化设计成果

根据审批通过的综合管线图，对机电各专业图纸进行二次深化设计，主要工作是调整相关的细部尺寸。机电各专业细部尺寸至少包括标高、位置和走向（坡向）。除此之外，还要参照综合天花图的设计，充分考虑机电专业设施位置和检修口的核准位置，调整机电专业管线的安装标高、位置和走向（坡向）。

机电专业深化应用主要形成机电深化设计平面图、剖面图、管综报告、机房深化图、综合支吊架深化图等成果，目的是指导本专业和相关专业的施工。图4-9为机电深化设计平面图及报告示例；图4-10为水泵房深化设计模型渲染图；图4-11为支吊架深化模型示例。

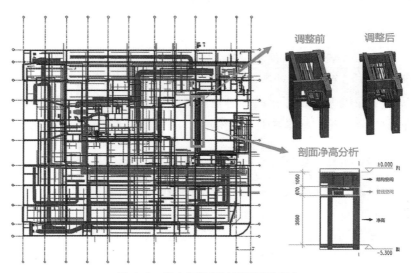

图 4-9　机电深化设计平面图及报告

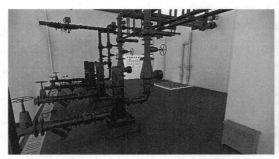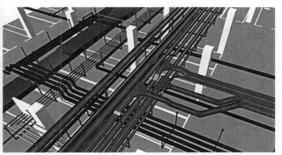

图 4-10　水泵房深化设计模型渲染图　　　　　　图 4-11　支吊架深化模型

4.1.3　变更模型优化

随着施工深化设计应用的推进，施工 BIM 模型会不断完善更新，与此同时，设计图纸问题、净高问题、机电问题、施工现场问题等原因形成的回复意见、设计变更和施工变更等均需及时反馈更新到施工 BIM 模型中。在变更模型的更新管理过程中，需要重点关注变更模型的时效性和问题追踪闭环。

1. 变更模型的时效性

工程施工过程中存在多种不确定性因素，变化和决策贯穿整个施工过程，会导致各种变更的产生。

这些变更产生的原因是多方面的：业主单位改变设计意图，修改建筑布局或功能等引起的建筑构件、结构构件、机电各专业管线和设备的调整；设计图纸本身存在错误，或各专业图纸存在冲突导致的变更；因前期勘察未发现，在施工过程中现场发现较难施工或无法施工的情况导致的变更等。

变更产生后需及时复核并更新。为保证 BIM 模型能及时准确地指导现场施工，需要在收到设计变更第一时间将各专业变更及修改反馈到 BIM 模型中，具体修改流程如下：1）业主或设计单位下发各专业设计变更或设计修改通知单；2）在设计变更通知单规定时间内，各专业 BIM 建模人员根据变更单修改 BIM 模型；3）对各专业 BIM 模型修改信息进行汇总；4）检测各专业变更是否会导致施工拆改或是否存在碰撞。

2. 问题追踪闭环

在根据图纸疑问回复进行模型修改，针对专项设计变更以及施工变更问题进行模型维护时，应进行专门的问题追踪，建立专项问题模型视图、变更记录和分析报告。

不同的 BIM 咨询单位和业主方确定的设计问题沟通单或图纸问题报告的格式通常不一样，但包含的内容大致相同。问题沟通单中应包含问题编号、问题位置、关联图纸、问题描述、记录人、记录时间、问题解决情况或追踪情况、问题三维视图、平面视图、设计及各方回复意见及回复时间等记录。其中问题解决情况或追踪情况是定义问题是否闭环的关键信息，类似"问题已解决"等闭环状态的记录，代表着设计方的回复、业主的意见和 BIM 咨询方的复核均得到各方认可。图 4-12 为问题沟通报告的一种示例。

学习小结

通过本章学习，读者能够了解到了土建深化设计包含的基本内容，对预留预埋、二次结构、复杂节点、脚手架模板深化设计的工作内容和流程有基本认识；了解到了机电模型深化设计，掌握了机电模型深化设计的注意事项；了解到了变更模型优化的要点，便于在项目过程中进行模型更新工作。

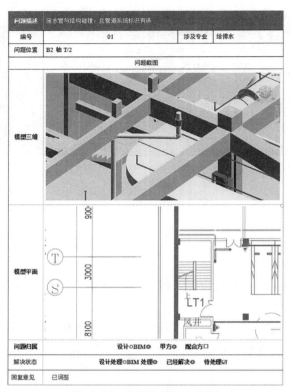

图 4-12 问题沟通报告示例

知识拓展

学习资源

1. 地库机电深化漫游（附二维码）；
2. 屋顶土建深化漫游（附二维码）；
3. 办公区土建深化漫游（附二维码）。

地库机电深化漫游　　屋顶土建深化漫游　　办公区土建深化漫游

习题参考答案

习题与思考

1. 填空题

（1）深化设计的重点是_____，_____，_____和_____。

（2）预留预埋深化是在土建模型中结合图纸对_____、_____及_____进行建模，辅助_____、_____的安装。

2. 问答题

（1）二次结构深化设计包括哪些构件的建模？

（2）请简述机电综合管线布置原则。

4.2 施工模拟

教学目标

一、知识目标

1. 了解施工场地布置的内容和模型制作方法；
2. 了解施工工艺模拟的常用做法，认识基本的工艺模拟制作步骤；
3. 了解施工进度模拟的概念和内容。

二、能力目标

1. 能对常用的施工场地构件进行建模，能合理布置场地模型；
2. 能制作简单的施工工艺模型，制作施工工艺模拟动画；
3. 能制作简单的施工进度模拟视频。

三、素养目标

提升施工过程中的数字化应用水平，提升数字化思维。

学习任务

了解施工模拟的内容和应用方法，掌握常用的施工场地模型、工艺模型和进度模型的建模方法。

建议学时

4 学时

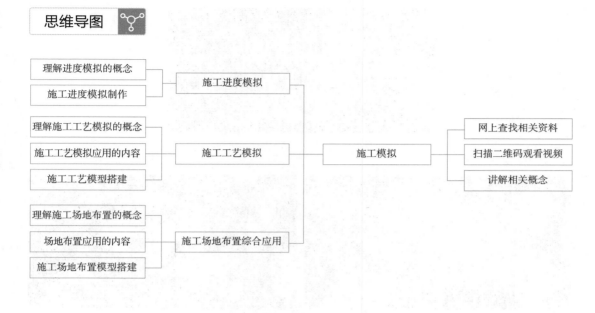

4.2.1 施工场地布置综合应用

1. 施工场地布置应用的概念

施工场地布置应用是根据施工组织方案和设计图纸，结合施工现场的周边地形和既有建筑、出入口等对施工阶段的施工区域划分、材料加工区域和材料堆场布置、临时道路和设施的排布、临水临电的排布、施工机械的摆放和行走路径、安全文明施工设施等进行综合规划和分析优化，建立场地布置 BIM 模型。施工场地布置的交付成果为施工场地布置 BIM 模型、施工场地布置模拟动画、场地模拟分析报告等。

施工场地布置 BIM 应用可优化现场布局，合理分配空间，合理分割办公区和生活区，合理分配大型机械设备的摆放和进出场，合理安排施工交通运输组织等。

2. 施工场地布置应用的内容

施工场地布置应用的重点是需结合平面设计图纸和现场实际，综合考虑交通便利性、材料加工和运输便利性、施工安全性、成本等因素，以三维模型进行施工现场布置模拟。在不同的阶段场地布置是不同的，因此应根据施工进度情况及时调整场地布置 BIM 模型。如桩基施工和基坑开挖阶段，材料加工和堆场的摆放会随着开挖区域的变化而发生变动；主体结构施工阶段，塔式起重机位置和数量、安装和拆除要综合考虑覆盖施工区域，同时要考虑塔式起重机基础不影响地库施工和安全性，钢筋、模板材料堆场的设置也会影响二次搬运的成本，材料堆场需要在施工过程中进行多次位置转换。如图 4-13 为基坑施工阶段的场地布置示意；图 4-14 为地库施工阶段的场地布置示意；图 4-15 为主体结构施工阶段的场地布置示意。

图 4-13　基坑施工阶段的场地布置

图 4-14　地库施工阶段的场地布置

图 4-15　主体结构施工阶段的场地布置

施工场地布置时需要注意：

（1）确定垂直运输设备（塔式起重机、井架、门架）的位置，它们的位置受现场工作面的限制，同时影响现场材料仓库、材料堆场、搅拌站、水、电、道路的布置；

（2）多层建筑施工中（3~7层）可以用轻型的塔式起重机，这类塔式起重机的位置可以移动，但是按照建筑物的长边布置可以控制更加广阔的工作面，尽量减少死角，使材料和构件控制在塔式起重机的工作范围之内；

（3）高层建筑施工中（12层以上或大于24m），可以布置自升式或爬升式塔式起重机，它们的位置固定，具有较大的工作半径（30~60m），同时一般配置若干台固定升降机配合作业，主体结构施工完毕，塔式起重机可以拆除；

（4）多层房屋施工时，固定的垂直运输设备布置在施工段的附近，当建筑物的高度不同时，布置在高低分界处，如果有可能，尽可能布置在有窗口的地方，以避免墙体的留槎和拆除后的修补工作，固定的垂直运输设备中卷扬机的位置不能距升降机太近，保证司机视线开阔；

（5）材料堆场、仓库、搅拌站的位置尽量在塔式起重机的工作半径范围之内，并且运输、装卸方便，位置主要取决于垂直运输设备位置的选择；

（6）对于少量的、轻型材料可以堆放得远一点，以不影响施工为宜；

（7）现场布置在满足现场施工的前提之下，尽可能达到业主的要求；

（8）满足施工需要和文明施工的前提下，尽可能节约施工用地，减少临时设施的投入；

（9）现场交通运输通畅和满足施工材料要求的前提下，最大限度地减少场内运输，特别是减少二次搬运；

（10）布置区域要留有塔式起重机附墙位置；在有室内电梯的高层和超高层项目中，尽量避免将塔式起重机布置在电梯井内，以免今后塔式起重机拆除进度和室内电梯的安装进度发生冲突。

3. 施工场地布置模型搭建

场地布置构件应结合项目实际选用合适的构件族，材料加工和堆场等构件族应有明显的标识，如图 4-16~ 图 4-19 所示。

图 4-16　钢筋加工棚　　　　　　　　图 4-17　木工加工棚

图 4-18　安全体验区　　　　　　　　图 4-19　钢结构堆场

施工场地布置模型可使用 Revit 软件建立场地模型，也可以用专门的施工场地布置软件进行布置。实际项目中为了保证模型平台统一性，一般采用与主体结构建模软件相同的软件。图 4-20 所示为施工场地布置构件族。

图 4-20　施工场地布置构件族

4.2.2 施工工艺模拟

1. 施工工艺模拟的概念

施工工艺模拟是对工程项目施工中的现场条件、施工顺序、复杂节点、技术重难点、安全类专项方案、危险性较大的分部分项工程、新技术、新工艺等进行模拟，通过三维可视化的模拟动画展示施工工艺中的施工顺序、组织方案、工艺流程等进行技术交底。施工工艺模拟的交付成果为施工工艺模型、施工工艺模拟视频、分析报告等，并基于交付成果进行可视化展示和施工交底。

2. 施工工艺模拟的内容

项目分部分项工程中常用的施工工艺都可以进行施工工艺模拟，包括地基与基础施工工艺、防水施工工艺、模板施工工艺、钢筋绑扎与安装施工工艺、混凝土施工工艺、构件安装施工工艺、木结构施工工艺、钢结构施工工艺、砌筑施工工艺、幕墙施工工艺、地面与楼地面施工工艺、门窗工程施工工艺、装饰工程施工工艺、屋面施工工艺、机电设备安装施工工艺、机电管线安装施工工艺等。

以桩基施工为例，有钻孔灌注桩施工工艺、三轴搅拌桩施工工艺等，用来模拟打桩过程。不同的施工工艺方法包含的内容和顺序也不一样，如钻孔灌注桩的泥浆护壁施工法包含施工准备、钻孔机安装定位、埋设护筒、泥浆制备、钻孔、清孔、安放钢筋笼、灌注水下混凝土等，而钻孔灌注桩的全套管施工法的施工顺序一般是平整场地、铺设工作平台、安装钻机、压套管、钻进成孔、安放钢筋笼、放导管、浇筑混凝土、拉拔套管、检查成桩质量，两种施工方法的主要步骤是类同的，区别在于全套管施工法不需要泥浆制备和清孔。

不同的施工工艺各有利弊，施工工艺的选用需结合项目现场实际情况、工期、资金等情况，进行方案经济技术对比、方案可行性分析，择优选择实施方案。

施工工艺模拟动画的制作对工艺材质要求较高，效果太差的工艺视频没有意义，因此一般情况下施工工艺模拟软件会选用 AutoDesk 3Dmax 软件作为主要渲染软件。图 4-21 为施工工艺模拟示例。

3. 施工工艺模型搭建

建立工艺模型时，要注意模型材质和构件切分。以装饰工程为例，外墙、内墙、地面等部位要根据设计图纸进行区分，根据实际的工艺材质样式设置模型材质。

图 4-22~ 图 4-27 所示为各种不同的地面材料。

图 4-28~ 图 4-31 所示为不同的装饰内墙、外墙墙面模型。

根据项目需要，可将各面层模型分开建立，方便制作分层的施工工艺演示动画，

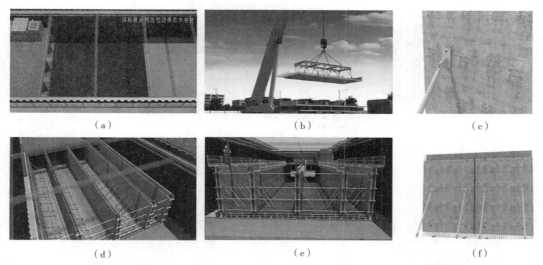

图 4-21　施工工艺模拟

（a）铺设垫层；（b）底板吊装（叠合板）；（c）墙板吊装（叠合夹心墙）；
（d）模板安装；（e）底板浇筑；（f）排架加固、顶板吊装、墙顶板混凝土施工

图 4-22　无机玻璃石　　　　　　　　图 4-23　钢纤维地面

图 4-24　防滑地砖　　　　　　　　　图 4-25　木地板

图 4-26　耐酸聚酯砂浆地面　　　　　图 4-27　环氧自流平地坪

图 4-28 浅青灰色真石漆外墙防霉涂料　　　　图 4-29 浅青灰仿岩面

图 4-30 乳白色高级防霉内墙涂料　　　　图 4-31 贴面砖防水内墙饰面

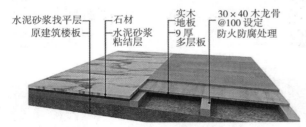

图 4-32 石材和木地板拼接模型

图 4-32 所示为石材和木地板拼接模型。

进行施工工艺模拟应用时，应确定工艺演示需要建立的模型范围，再进行建模。应根据设计图纸和施工方案确认施工工艺的施工步骤和施工方法，确认工艺流程及相关技术要求，查找相关资料了解其施工过程中的注意事项，熟悉可能影响施工质量和施工安全的工艺问题，以上工作是进行施工工艺模拟制作的前提。

交付成果为施工工艺模拟视频时，应基于以上工作编制施工工艺模拟视频的组成内容，制作施工工艺模拟视频的分镜头脚本，再根据脚本确定需要建立的模型和需要收集的素材，工艺模拟可以单独建立节点工艺模型，也可以在设计模型或施工模型上进行深化，最后使用对应的软件加工模型和素材制作视频，其中还包括关键帧动画、渲染输出、配音、音乐和视频剪辑等。可以看出，施工工艺的流程和内容是支撑工艺模拟视频的核心。在实际项目 BIM 应用中，盲目地开展模型建立和视频制作会带来工艺演示错误和返工，影响施工工艺模拟视频的质量和完成周期。

对一些复杂的施工工艺和复杂关键节点，建模需要更精细，考虑模型的施工空间碰撞问题，合理切分模型，才能按照工序步骤实现可视化演示。对于大型机械设备运输和安拆、装配式吊装、大型结构构件吊装等影响工期和安全的复杂工序，需结合工期进行可视化模拟，通过硬碰撞检测、施工空间验证等验证施工方案的可行性。如在施工工艺模拟应用中发现工序交接、施工定位等问题，应及时反馈并形成施工模拟分析报告，组织各方研讨形成解决方案。

4.2.3　施工进度模拟

1. 施工进度模拟的概念

施工进度模拟是根据施工总进度计划、单位工程进度计划对工程施工的施工顺序、施工工序和工期进行模拟展示的应用。传统的横道图被广泛应用于工程项目进度管理，但横道图的专业性强，缺乏形象性，不能清晰地描述复杂工程各项工作的直接关系，更难以准确表现施工过程中的动态变化。

而运用 BIM 模型进行施工进度模拟，可以将三维模型与施工进度计划链接起来，从而形成 4D 进度模型，可以进行整个项目的进度跟踪管理，实现实际进度与计划进度的对比分析，进而分析可能影响施工进度的因素，帮助制定进度纠偏应对方案，保证项目的工期。

施工进度模拟的交付成果为施工进度模型、施工进度模拟视频、施工进度分析报告等。

2. 施工进度模拟的内容

施工进度模拟一般以进度计划作为进度模拟视频的时间节点，以施工工序作为子单元挂接模型，用相应的进度模拟软件进行动态演示。

根据进度计划的精细度和模型精细度不同，可以有不同深度的施工进度模拟。如果总进度计划是以单体为最小工作任务，制作进度模拟时就是以单体模型进行挂接，不区分柱梁墙板等构件类型，不区分楼层等分区，整体的进度模拟效果会比较粗糙。如果进度计划的工作任务划分比较细，制作进度模拟时可用各楼层、各构件、各系统、各施工段进行划分和进度挂接，进度模拟视频的效果会更好。不过，进度计划越精细，对模型的精细度要求也会越高，进度模拟应用视频的制作难度也会更大，工作量会更大，因此需要根据项目实际情况和需求、合同约定以及制作周期来综合确定施工进度模拟的深度。

常见的进度计划文件一般为 project 格式和 excel 格式。常用的施工进度模拟软件有 Navisworks、Synchro 4D、Fuzor 等，这些软件均有集成 4D 进度管理功能模块，也可以使用 BIM 5D 软件进行施工进度模拟制作，如广联达、斯维尔、品茗等国产软件厂商均有 BIM 5D 产品。除此之外，还可以使用 3Dmax、Unity、UE 等三维动画制作软件和游戏引擎制作施工进度模拟动画，这一类方法的成本和难度会更高一些，可能涉及动画渲染、脚本编辑、定制开发等工作，但动画演示效果比 Navisworks 等轻量化软件要好很多。实际项目可根据实际情况选择技术路线，再进行模型处理和完善。与施工工艺模拟一样，建议在模型处理前确定技术路线和进度模拟的工序内容，确认好模型的切分原则，减少返工。

图 4-33 为 Navisworks 施工进度模拟示例。

图 4-33　Navisworks 施工进度模拟示例

 学习小结

通过本章节的学习，读者应了解施工模拟应用包含的基本内容，对施工场地布置构件建模的内容有了基本认识，掌握了施工场地布置的注意事项；了解如何建立施工工艺模型，掌握了施工工艺模拟的基本制作方法；学会使用 Navisworks 进行简单的施工进度模拟应用。

知识拓展

 案例分享

某研发大楼项目为公共建筑装配式装修试点项目，主要应用了装配式架空地面、装配式墙体等技术，同时以 BIM 技术为辅助手段，对部品的设计、拆分、生产、安装进行过程模拟，提前发现并解决过程中存在的问题，找出最优方案。采用了"研发 + 设计 + 制造 + 采购 + 施工"REMPC 新型工程总承包模式，利用 BIM 技术，进行协同设计，打通方案、设计、深化、生产、安装和运维各个环节，实现装配式装修部品在工厂内完成生产和预加工，缩短现场安装时间，保证了施工质量和进度。

（1）施工场地布置。通过建立施工现场布置模型，将塔式起重机、施工机械、材料堆场、钢筋加工棚、成品护栏、工艺展区等进行合理摆放，制作施工场地布置漫游视频。图 4-34 所示为施工场地布置视频截图。

图 4-34 施工场地布置视频截图

（2）施工工艺模拟。本项目对弱电间施工、强电间施工、水管井施工、风机房施工、信息机房施工、消防泵房施工、屋面施工、楼梯间施工进行了施工工艺模拟。图 4-35 所示为消防泵房施工工艺视频截图。

图 4-35 消防泵房施工工艺视频截图

（3）施工进度模拟。根据总体施工进度计划，土方开挖、基坑施工、主体结构施工等工序进行施工进度模拟。图 4-36 所示为施工进度模拟视频截图。

图 4-36 施工进度模拟视频截图

学习资源

1. 某项目施工场地布置模拟漫游（附二维码）；
2. 某项目消防泵房施工工艺模拟（附二维码）；
3. 某项目施工进度模拟（附二维码）。

某项目施工场地　　　某项目消防泵房　　　某项目施工进度
　布置模拟漫游　　　　施工工艺模拟　　　　　　模拟

习题与思考

习题参考答案

1. 填空题

（1）施工场地布置的重点是_____、_____、_____、_____、_____等因素，以三维模型进行施工现场布置模拟。

（2）施工工艺模拟的交付成果为_____、_____、_____等，并基于交付成果进行_____和_____。

（3）常用的施工进度模拟软件有_____、_____、_____等。

2. 问答题

（1）请列举需要建族的常用的施工场地布置构件。

（2）列举项目分部分项工程中常用的施工工艺。

（3）根据总施工进度计划和分部分项进度计划，如何进行施工进度模拟？

4.3 数字化交付

教学目标

一、知识目标

1. 了解数字化交付的标准、规定和要求;

2. 了解数字化交付的基本内容和注意事项。

二、能力目标

1. 能按照数字化交付的标准整理应用成果资料;

2. 能按照数字化交付的基本内容和注意事项实施交付。

三、素养目标

1. 提升数字化应用水平,具备数字化交付意识;

2. 养成规范化、成果化的思维。

学习任务

了解数字化交付的一般规定和具体交付要求;了解数字化交付实施成果的基本内容、成果类型和注意事项。

建议学时

2 学时

思维导图

4.3.1　交付标准和要求

1. 数字化交付一般规定

（1）数字化交付模型应满足建设工程全生命期协同工作的需要，支持各个阶段、各项任务和各相关方获取、更新、管理信息。

（2）数字化交付模型交付物应符合工程项目的使用需求，并满足相关的国家、地区和行业标准。

（3）数字化交付模型应采用通用的数据格式，以保证最终建筑信息模型数据的正确性及完整性。

（4）在规划建设工程全生命期内，各专业信息模型宜实现信息传递和共享，模型数据的提取与交换应满足开放性要求，信息交换的内容和格式应满足规定要求。

（5）设计阶段交付的施工图设计模型应作为施工阶段的上游模型，施工阶段交付的工程施工信息模型和竣工模型应作为运维阶段的上游模型，交付方应采取必要的措施减少超越使用需求的冗余信息，提高信息传递效率。

（6）BIM 应用在实施过程中，每个阶段提交的建筑信息模型成果应满足同期项目的实施进度要求，并应根据实施阶段节点提前交付。

（7）进行数据交换时，交换双方应确保交换过程中的数据安全及数据完整。

（8）描述工程对象的交付物应与所指向的工程对象建立有效链接关系。

（9）交付物创建、使用和管理过程中，应采取措施保证信息安全。

（10）信息交付方应保障数据的准确性、完整性与一致性，所交付的信息模型、文档、图纸应保持一致。

（11）交付方与接收方应共同签订移交接收单，附移交清单、数字化文件及其他相关文件。

2. 数字化交付要求

数字化交付应根据施工阶段及相关应用要求，集成建筑信息模型及与其关联的数据、文本、文档、影像等信息形成交付物。具体应包含建筑、结构、机电、装修、设备等主要专业，包含模型及与其关联的数据、文本、文档、影像等信息。

（1）施工交付阶段交付施工深化设计 BIM 模型。

（2）施工阶段交付的模型、文档、图纸、视频等交付物应符合深度等级、标准、合同等要求。

（3）在项目各施工交付阶段前，应明确本项目 BIM 实施目标及成果交付要求。

（4）施工 BIM 模型应满足现场施工深化的具体实施要求。

（5）施工 BIM 模型应满足施工操作规程与施工工艺的要求，且应能录入及提取施工过程信息。

（6）施工单位对模型进行深化调整时，对于图纸或模型问题应出具问题报告，并提交至建设单位或监理单位。

（7）施工过程中的交付物应满足对施工现场进行各项工作管理的需求。

（8）竣工交付阶段交付物应满足施工阶段竣工和归档数据整理的要求。

4.3.2 数字化交付的内容

施工阶段按过程细分应包含施工深化、施工过程、竣工验收等阶段，交付物应满足表 4-2 要求。

施工阶段数字化交付内容 表 4-2

序号	阶段	BIM 实施成果	成果类型
1	施工深化阶段	（1）现浇混凝土结构施工深化阶段交付物宜包含土建深化模型、模型碰撞检查文件、施工模拟文件、深化设计图纸、二次结构深化模型、工程量清单、幕墙节点深化设计模型及详图等	模型、文档、图纸
		（2）钢结构施工深化阶段交付物宜包含钢结构施工深化设计模型、模型的碰撞检查文件、施工模拟文件、深化设计图纸、工程量清单、复杂部位节点深化设计模型及详图等	模型、文档、图纸
		（3）机电深化设计阶段交付物宜包含机电深化设计模型及图纸、设备机房深化设计模型及图纸、二次预留洞口图、支吊架加工图、机电管线深化设计图、机电施工安装模拟资料等	模型、文档、图纸
		（4）预制装配式混凝土结构施工深化阶段交付物宜包含预制装配式建筑施工深化模型、预制构件拆分图、预制构件平面布置图、预制构件立面布置图、预制构件现场存放布置图、预留预埋件设计图、模型的碰撞检查报告、预制构件深化图、模拟装配文件等	模型、文档、图纸
		（5）钢结构、机电、混凝土预制加工阶段交付物宜包含预制构件生产模型、构件加工预制图纸、工艺工序方案及模拟动画文件、三维安装技术交底动画文件、工程量清单等	模型、文档、视频、图纸
		（6）施工场地布置模型、施工工艺模型、施工进度模拟相关分析文件、可视化资料、分析报告等	模型、文档
		（7）国家、法律法规规定或合同约定的其他交付物	模型、文档、图纸、图片

续表

序号	阶段	BIM 实施成果	成果类型
2	竣工验收阶段	（1）宜包含竣工验收模型及与模型相关联的验收形成的信息、数据、文本、影像、档案等； （2）国家、法律法规规定或合同约定的其他交付物	模型、文档、图纸、图片

 学习小结

通过本章节的学习，读者应对数字化交付的成果内容、成果类型有基本了解，学会按照一般规定进行成果和资料和整理。通过学习，提高规范化、成果化的数字化交付思维，提升数字化应用水平。

知识拓展

 案例分享

某研发大楼项目为公共建筑装配式装修试点项目，主要应用了装配式架空地面、装配式墙体等技术，同时以 BIM 技术为辅助手段，对部品的设计、拆分、生产、安装进行过程模拟，提前发现并解决过程中存在的问题，找出最优方案。采用了"研发＋设计＋制造＋采购＋施工"REMPC 新型工程总承包模式，利用 BIM 技术，进行协同设计，打通方案、设计、深化、生产、安装和运维各个环节，实现装配式装修部品在工厂内完成生产和预加工，缩短现场安装时间，保证了施工质量和进度。

（1）模型成果

本项目共交付建筑 BIM 模型 4 个，结构模型 4 个，机电模型 4 个，幕墙模型 3 个，室外管网模型 1 个。图 4-37 所示为各专业 BIM 模型文件截图。

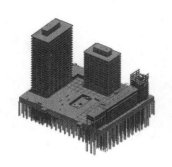

图 4-37　各专业 BIM 模型文件

（2）图纸成果

本项目体量大，包含多栋单体，共交付图纸 216 张，其中地下室 10 张，总部楼 124 张，研发楼 45 张，联合办公楼 37 张。交付图纸较多，此处不一一列举，图 4-38 所示为地库预埋图文件；图 4-39 所示为研发楼 7 层管综图文件。

📄 B1F给排水预留图0611_t3.dwg	
📄 B2F电气预留图0427(更新水泵房套管2).dwg	📄 20220601_7F管线综合平面图出图.dwg
📄 B2F给排水预留图0430（更新人防排水立管定位）.dwg	📄 20220601_7F消防喷淋平面图出图.dwg
📄 B2F智能化暗埋管线图0430.dwg	📄 20220622_7F电气平面图出图.dwg
📄 MEP-05地下二层结构预埋平面图.dwg	📄 20220622_7F管线综合平面图出图.dwg
📄 联合办公楼套管预留图(1-3F).dwg	📄 20220622_7F通风及防排烟平面图出图.dwg
📄 联合办公楼套管预留图(1-5F).dwg	

图 4-38　地库预埋图文件　　　　　　　　图 4-39　研发楼 7 层管综图文件

（3）视频成果

本项目共交付施工 BIM 应用视频 26 个，其中整体施工进度推演 1 个，漫游视频 5 个，工艺节点视频 8 个，AR 校验视频 12 个。图 4-40 所示为部分施工模拟视频文件截图。

图 4-40　部分施工模拟视频文件

（4）文档成果

本项目共交付 172 份，包括 BIM 实施策划、BIM 模拟分析文件、图纸问题及碰撞检测报告、工程量统计表、AR 校验报告、项目形象进度报表、设备管理信息文档等。图 4-41 所示为部分交付文档截图。

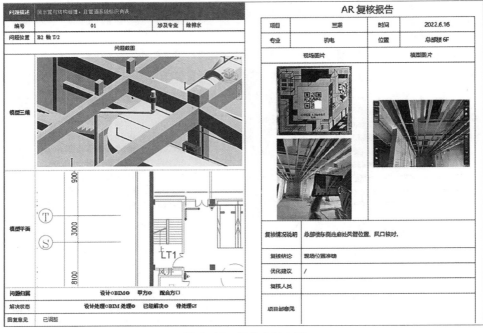

图 4-41　部分交付文档

 学习资源

1. 深圳市 BIM 交付标准（附二维码）；
2. 《建筑信息模型设计交付标准》GB/T 51301—2018（附二维码）。

深圳市 BIM 交付
标准

《建筑信息模型设计
交付标准》
GB/T 51301—2018

习题参考答案

习题与思考

1. 填空题

（1）施工交付阶段交付的是_____模型。

（2）进行数字化交付时，交付方与接收方应共同_____，附_____文件。

2. 问答题

（1）施工深化阶段的交付成果类型有哪几种？

（2）现浇混凝土结构施工深化阶段交付物宜包含哪些成果？

第 5 章
装配式
建筑设计

5.1 装配式建筑设计概述

教学目标

一、知识目标
1. 熟悉装配式建筑概念、特点及类型；
2. 了解装配式建筑结构的深化设计及参数化设计。

二、能力目标
1. 理解装配式建筑推广的意义；
2. 能够编制装配式混凝土结构深化设计方案。

三、素养目标
1. 提高装配式建筑深化设计中的创新意识；
2. 具有参数化设计的思维。

学习任务

了解装配式建筑设计策划的内容和流程。

建议学时

2 学时

思维导图

```
装配式建筑分类 ┐
预制构件分类 ├── 装配式建筑 ┐
装配式深化设计策划 ┘            │
                               │
基于BIM协同的深化设计流程 ┐      │                    ┌ 网上查找相关资料
深化设计实例介绍 ├── 装配式深化设计 ── 装配式建筑设计 ┤ 扫描二维码观看视频
深化设计常用软件 ┘            │                    └ 讲解相关概念
                               │
参数化设计理念 ┐             │
参数化建模 ├── 参数化设计 ┘
```

5.1.1　装配式建筑设计策划

1.装配式建筑类型

装配式建筑是指由预制部品部件在工地装配而成的建筑。部品是由工厂生产，构成外围护系统、设备与管线系统、内装系统的建筑单一产品或复合产品组装而成的功能单元的统称。部件是指在工厂或现场预先生产制作完成，构成建筑结构系统的结构构件及其他构件的统称。装配式建筑示意图如图 5-1 所示。

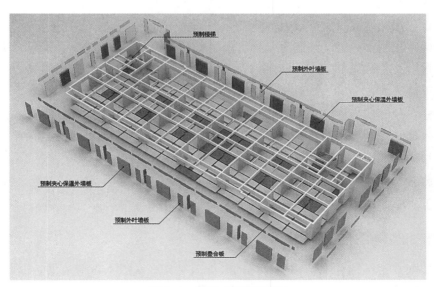

图 5-1　装配式建筑示意图

装配式建筑包括装配式混凝土结构、装配式钢结构、装配式木结构。

装配式混凝土结构：由预制混凝土构件通过可靠的连接方式装配而成的主体结构，包括全装配混凝土结构、装配整体式混凝土结构等。

装配式钢结构：建筑的结构系统由钢构件构成的装配式建筑。

装配式木结构：采用工厂预制的木结构组件和部品，以现场装配为主要手段建造而成的结构。包括装配式纯木结构、装配式木混合结构等。

装配式建筑的主要特点如下：

（1）低碳化理念。装配式建筑的建筑材料选择更加灵活，各种节能环保材料如轻钢以及木质板材的运用，使得装配式建筑更加符合绿色低碳的概念。

（2）标准化设计。装配式施工将整个建筑由一个项目变成一件产品。构件设计越标准，生产效率越高，相应地，成本越低；配合工厂的数字化管理，有助于提高装配式建筑的性价比。

（3）工业化生产。大量的建筑部件都由工厂生产加工完成，集中式的生产有助于降低工程成本，同时也更利于质量控制。

（4）装配化施工。工厂生产出来的建筑部件运到现场进行组装，减少了模板工程和人工工作量，有助于提高施工速度。

（5）同步化装修。装配式建筑可以将各预制部件的装饰装修部位完成后再进行组装，实现了装饰装修工程与主体工程的同步，减少了建造步骤，有助于降低工程造价。

2. 预制构件类型

预制构件是指按照设计规格在工厂或现场预先制成的钢、木或混凝土结构。常见的混凝土预制构件的类型如下（图 5-2）：

预制板：预制混凝土叠合板、预制预应力混凝土板（预应力混凝土平板、预应力混凝土带肋板、预应力混凝土空心板）等；

预制梁：预制实心梁、预制叠合梁、预制 U 型梁、预制 T 型梁、预制工字形梁等；

预制墙：预制实心剪力墙、预制空心墙、预制叠合式剪力墙、预制夹心保温外墙、预制非承重墙等；

预制柱：预制实心柱、预制空心柱等；

预制楼梯：预制不带平板型楼梯、预制低端带平板型楼梯、预制高端带平板型楼梯、预制高低端均带平板型楼梯、预制中间带平板型楼梯等；

其他复杂预制构件：预制飘窗、预制带飘窗外墙、预制阳台、预制转角外墙、预制整体厨房卫生间、预制空调板等。

3. 装配式深化设计策划

由于装配式钢结构和木结构是天然的装配式结构，一般不需要策划。因此本节提到的装配式深化设计策划主要针对装配式混凝土结构。

图 5-2　预制构件类型

（a）预制楼板；（b）预制梁；（c）预制墙；（d）预制柱；（e）预制楼梯；（f）预制阳台

　　装配率是指单体建筑室外地坪以上的主体结构、围护和内隔墙、装修和设备管线等采用预制部品部件的综合比例。预制率是指工业化建筑室外地坪以上的主体结构和围护结构中，预制构件部分的混凝土用量占对应部分混凝土总用量的体积比。

　　由于地区差异，建筑业发展情况不同，所以各地的预制装配率要求有所不同。在进行装配式设计策划之前要先了解当地装配式建筑对装配率的政策要求。依据当地装配式建筑综合等级对应的分值，确定预制装配率评定得分，不小于当地政策要求的最低值。

一般情况下，居住建筑和公共建筑的最低分值要求不同。再根据预制装配率的分值，分别确定主体结构预制率和围护结构的装配率。结合预制率以及各预制构件在建筑中的占比情况，得到装配式建筑主体结构预制构件的选择顺序，如图 5-3 所示。围护构件的拆分顺序为先拆内隔墙，再拆非承重外围墙。基于装配式建筑预制构件的选择顺序，对构件进行拆分处理，控制各个预制构件在方案中的应用比例。基于 BIM 协同完成对构件的深化设计，形成最优的装配式策划方案。

图 5-3　结构构件的拆分顺序

4. 基于 BIM 协同的装配式结构深化设计

协同设计是指两个及以上设计主体为了完成某一设计目标，采用信息交互并行工作的方式，分别完成不同的设计任务，最终共同完成同一设计目标的过程。协同设计对于装配式建筑工业化的发展具有重要作用。基于 BIM 技术，提出装配式结构深化设计的协同方案，BIM 协同设计的流程如图 5-4 所示。装配式结构深化设计需结合设计单位、构件生产单位、运输单位与施工单位的不同需求，共同制定深化设计方案，通过多方的综合评判，判断方案是否通过，若不通过则需要各方重新协商并进行修改，若通过则形成最终的深化设计方案。

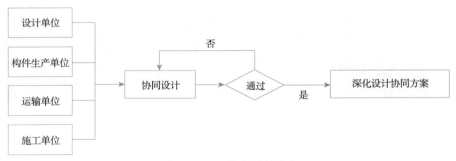

图 5-4　BIM 协同设计流程

5. 装配式深化设计策划实例

以江苏省某项目 18 号楼为例进行装配式深化设计介绍。

装配式建筑综合评定分值应按下式计算：$S=S_1+S_2+S_3+S_4+S_5$。装配式建筑综合评定要求，主体结构的装配率不得小于 35%。预制装配率要求居住建筑的评定分值不得小于 50 分，公共建筑的评定分值不得小于 45 分。装配式建筑分项评定最低分值见表 5-1。

装配式建筑得分表　　　　　　表 5-1

评价项		最低分值
标准化与一体化设计评定得分 S_1		5
预制装配率评定得分 S_2	居住建筑	50
	公共建筑	45
绿色建筑评价等级得分 S_3		—
集成技术应用评定得分 S_4		2
项目组织与施工技术应用评定得分 S_5		4

以江苏省为例，根据江苏省装配式建筑相关政策，对相应装配率下的预制构件进行拆分，由于本案例项目为居住建筑，因此预制装配率不得低于 50%。基于此，制定深化设计方案，见表 5-2。

装配式结构深化设计方案　　　　　　表 5-2

深化设计方案		推荐方案						备选方案					
		方案一		方案二		方案三		方案四		方案五		方案六	
		选项	得分	选项	得分	选项	得分	选项	得分	选项	得分	选项	得分
主体结构（Z1）	预制剪力墙	√	7					√	26	√	20		
	预制柱							√		√			
	预制叠合梁							√		√			
	预制叠合板	√	12	√	12	√	12	√		√		√	12
外围护墙和内隔墙（Z2）	预制外围护构件			√	21.75					√	21.25		
	预制内隔墙构件	√	14.75	√		√	15.5	√	15.25	√		√	13
装修与设备管线（Z3）	全装修	√	8.75	√	8.75	√	8.75	√	8.75	√	8.75	√	8.75
	集成卫生间、厨房					√	6.25					√	6.25
	干式工法楼地面	√	7.5	√	7.5	√	7.5			√	7.5	√	7.5
	管线分离比例											√	2.5
预制装配率		50%		50%		50%		50%		50%		50%	
方案特点		少量竖向构件预制		全部预制非承重外墙		集成厨卫		结构预制为主		结构预制+非结构预制		集成厨卫+SI体系	

通过对比不同的方案的优缺点，并结合生产、运输以及施工方的要求，最终确定方案二为最终的深化设计方案。

5.1.2　装配式建筑设计流程

1. 装配式建筑设计

设计方面，由于装配式结构视同现浇结构的理念，造成目前绝大多数的装配式建筑依然按照传统方法进行设计，之后针对构件拆分完成装配式深化设计。由于传统设计方法缺乏标准化理念，所得预制构件的类型过多，间接造成装配式建筑成本的增加。因此在设计阶段，需要进行装配式设计策划，在此基础上基于标准化的理念完成深化设计。

2. 深化设计概念

深化设计是在已确定的各专业施工图基础上，综合考虑预制构件的生产、运输、吊装、支撑、连接等环节以及各专业施工图对预制混凝土构件的要求等方面因素而对装配式混凝土建筑进行的详图设计。通过对装配式结构的深化设计，协助设计师发现设计方案中存在的问题，发现各专业间可能存在的交叉。同时，协助构件生产方理解设计意图，把可实施性的问题及相关专业交叉问题及时向设计师反映。在这个过程中，深化设计提出合理的建议，提交设计师参考，协助主体设计单位迅速有效地解决问题，加快项目的进度。

3. 深化设计流程

装配式建筑项目需要对构件进行精细深化设计以保证满足设计要求。基于 BIM 协同技术进行预制构件深化设计，借助 BIM 信息化、可视化的优点来满足深化需求。基于 BIM 的深化设计流程如图 5-5 所示。借助 BIM 深化设计软件，在参数化预制构件库的基础上完成预制构件深化设计，在满足预制装配率的基础上，将构件拆分优化的过程内嵌

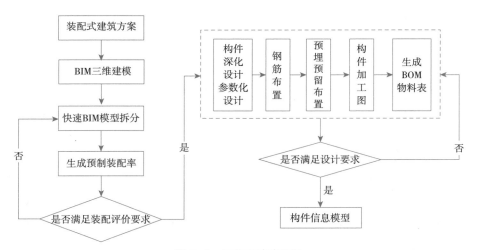

图 5-5　深化设计流程图

至深化设计软件，对构件进行承载力验算和施工荷载验算，并生成可视化验算结果。基于预制构件的 BIM 模型生成构件加工图，并生成 BOM 物料清单。

深化设计时应注意，将预制混凝土构件拆分成相互独立的预制构件后，重点考虑构件连接构造、水电管线预埋、门窗及其他埋件的预埋、吊装及施工必需的预埋件、预留孔洞等，同时要考虑方便模具加工和构件生产效率、道路运输要求、现场施工吊运能力限制等因素。

4. 常用深化设计软件介绍

目前应用于装配式混凝土构件深化设计的软件主要有 PKPM-PC、YJK-AMCS、BeePC、富凝深化设计软件等。

PKPM-PC 是 PKPM 推出的装配式结构设计软件，该软件在预制混凝土构件计算的基础上，实现了整体结构分析、内力调整和连接设计。基于 BIM 平台，PKPM-PC 可满足预制构件的拆分、构件详图生成、材料统计输出、BIM 数据直接接力生成至加工设备等功能。

YJK-AMCS 是在 YJK 的结构设计软件的基础上，针对装配式结构的特点，基于 BIM 技术开发而成的专业应用软件。软件提供了预制混凝土构件脱模、运输、吊装过程中的单构件计算、整体结构分析及相关内力调整、构件及连接设计功能。可实现构件拆分、详图设计、构件加工图、材料清单、构件库建立，与工厂生产管理系统集成，预制构件信息和数字机床自动生产线的对接。

BeePC 软件是基于 Autodesk 公司 Revit 平台研发的装配式混凝土构件深化设计专用软件，具有参数化设计、一键编号、一键出图、图纸可直接对接工厂生产的功能。软件依据国家装配式建筑系列规范、标准及设计图集并结合预制构件生产企业的实际工艺进行开发，符合当前装配式混凝土建筑的特点。

富凝深化设计软件基于 Tekla 软件开发，具有高度的兼容性和稳定性。该软件实现了装配式构件的参数化、智能化设计，可以根据用户输入的参数自动生成符合要求的构件设计方案。软件支持多种预制构件种类，包括叠合板、叠合梁、预制柱、预制墙体等。针对不同的预制构件种类，提供了相应的设计标准和参数化设计方案，可以满足不同项目的需求。该软件实现了自动化调图出图，根据用户输入的参数和设计方案，自动生成符合要求的构件图纸和施工图纸，避免了手动绘图的繁琐和错误，提高了图纸的准确性和一致性。

本教材选用富凝软件为例讲解预制构件深化设计。

5.1.3　参数化设计

参数化就是把一个事物或者问题用参数来表示的行为，参数化设计就是提取预制构件中主要的参数，在建模过程中考虑这些参数对其他参数或尺寸的影响，进而实现修改这几个主要参数，就能完成类似预制构件的建模，提高模型的复用率，从而提高设计效率。

目前很多深化设计软件基于参数化的理念，完成各类预制构件的参数化建模，通过设置相关的参数即可自动生成对应的预制构件，提高了建模的效率。以钢筋混凝土叠合板为例，根据国家建筑标准设计图集 15G366-1 中的叠合楼板的规格以及钢筋排布规则，利用深化设计软件设置叠合板的底板厚度、混凝土等级、外伸钢筋的长度、钢筋直径、桁架高度等参数自动生成叠合板模型，如图 5-6 所示。

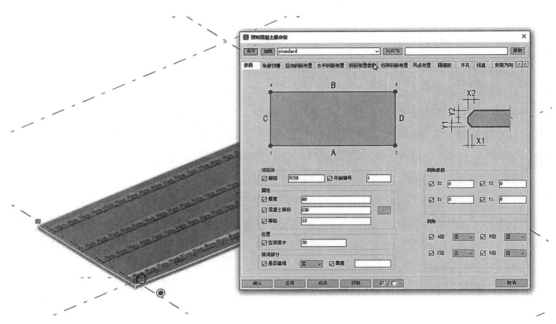

图 5-6　叠合板模型

📱 学习小结

本节主要围绕装配式建筑，介绍了装配式建筑的类型和特点、混凝土预制构件的类型。基于地方政策介绍了装配式深化设计策划的意义和基本流程，并基于实例对比了不同装配式建筑设计方案。以装配式混凝土结构为例，介绍了深化设计概念、流程以及常用的深化设计软件。最后介绍了预制构件建模中的参数化设计。

知识拓展

某开放大学装配式设计应用实践

📱 学习资源

某开放大学装配式设计应用实践（附二维码）。

习题与思考

习题参考答案

1. 填空题

（1）装配式建筑类型包括_____、_____、_____。

（2）预制构件类型包括_____、_____、_____、_____、_____、_____。

（3）装配式结构构件的拆分顺序为_____、_____、_____、_____、_____。

2. 简答题

（1）部品与部件的区分。

（2）预制率和装配率的区分。

（3）协同设计的定义。

3. 问答题

（1）装配式建筑有哪些特点？

（2）装配式深化设计如何进行策划？

（3）装配式混凝土结构深化设计流程包括哪些？

（4）BIM 协同技术与参数化设计的运用区别是什么？

5.2 装配式建筑深化设计

教学目标

一、知识目标

1. 掌握构件深化设计的内容和操作；

2. 掌握节点深化设计的内容；

3. 了解机电深化设计的操作步骤；

4. 了解模具深化设计的重难点。

二、能力目标

1. 掌握叠合板、预制楼梯等常见预制构件深化设计的方法；

2. 能够完成常见节点的深化设计；

3. 能够完成预制构件内的机电深化设计。

三、素养目标

1. 能够理解常见预制构件拆分的科学内涵；

2. 能够举一反三，自主学习其他预制构件的深化设计；

3. 通过深化设计的学习，培养工匠精神。

学习任务

掌握装配式混凝土结构常用构件、节点、机电和模具的深化设计方法。

建议学时

8 学时

思维导图 ⋋

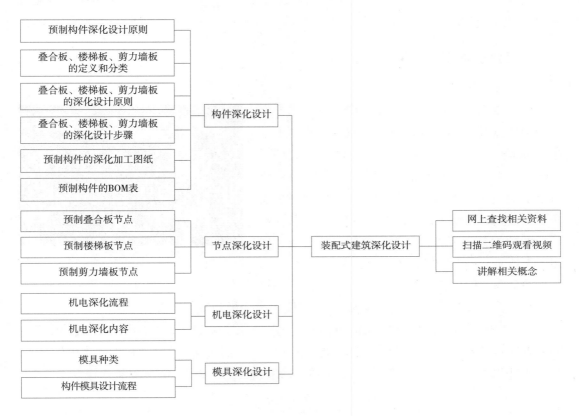

5.2.1 构件深化设计

1. 深化设计原则

对常见预制构件，在进行预制构件深化设计时，需要考虑的原则有：

（1）考虑模数化和标准化的原则

装配式建筑模数化设计应符合国家标准《建筑模数协调标准》GB/T 50002—2013 的规定，并基于标准化设计，减少构件类型，提高工业化水平。

（2）考虑工厂生产的要求

工厂模台尺寸大小、养护方式等都是构件深化设计需要考虑的内容。在深化设计前，需要提前落实数据后才可以开始深化设计工作。

（3）考虑道路运输的相关要求

在运输构件时，由于构件规格大小的不同，所选用的车辆也有所不同，要根据实际道路运输的要求考虑构件的规格。为方便卡车运输，预制叠合板宽度一般不超过 3m，跨度一般不超过 5m。

（4）考虑现场起吊设备的起重能力

预制构件在现场安装时，需采用塔式起重机、汽车式起重机等起吊。设备的起重能力制约预制构件的重量，因此在深化设计前，需与施工单位合理确定起重设备的起重能力。

2. 叠合板深化设计

（1）叠合板定义

叠合板是由预制底板顶部在现场后浇混凝土叠合而成的装配整体式楼板。预制底板厚度不宜小于60mm，在工厂预制加工，运输到施工现场后进行吊装，安装就位后铺设上部钢筋，最后浇筑上层混凝土，完成叠合板的施工。预制底板既是永久模板，又作为楼板的一部分承担使用荷载。常见的预制叠合板为桁架钢筋混凝土叠合板，如图 5-7 所示，一般跨度在 4~6m。

图 5-7　钢筋桁架叠合板

（2）叠合板分类

按照叠合板的受力状态，可以分为单向受力叠合板和双向受力叠合板。

叠合板可根据预制板接缝构造、支座构造、长宽比按单向板或双向板设计。当预制板之间采用分离式接缝（图 5-8a）时，宜按单向板设计。对长宽比不大于 3 的四边支撑叠合板，当其预制板之间采用整体式接缝（图 5-8b）或无接缝（图 5-8c）时，可按双向板设计。

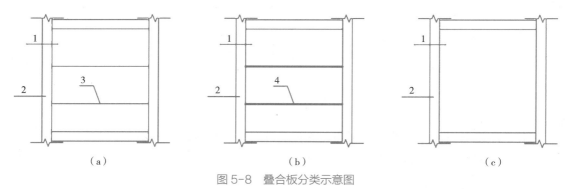

（a）　　　　　　　　　　（b）　　　　　　　　　　（c）

图 5-8　叠合板分类示意图

（a）单向叠合板；（b）带接缝的双向叠合板；（c）无接缝双向叠合板
1—预制板；2—梁或墙；3—板侧分离式接缝；4—板侧整体式接缝

（3）叠合板深化设计原则

预制叠合板深化设计应遵循以下原则：1）预制叠合楼板的深化设计及构造要求应符合国家现行标准、规范和图集的相关要求；2）跨度大于3m时预制底板宜采用钢筋桁架叠合板或预应力混凝土平板，跨度大于6m时预制底板宜采用预应力混凝土带肋底板、预应力混凝土空心板，叠合楼板厚度大于180mm时宜采用预应力混凝土空心叠合板；3）预制底板的混凝土强度等级不宜低于C30；预制预应力混凝土底板的混凝土强度等级不宜低于 C40，且不应低于 C30；后浇混凝土叠合层的混凝土强度等级不宜低于 C25；4）基于标准化设计原则，尽可能减少叠合板的规格，宜取相同宽度，少规格、多组合；5）叠合板的宽度不应超过运输超限限制，以及工厂模台尺寸限制；同时叠合板的重量满足现场塔式起重机的起吊要求；6）在楼板的次要拆分方向拆分，即板拼缝平行于整板的短边；在板受力小的部位拆分；7）有管线预理的楼板，拆分时需考虑其与钢筋或者桁架钢筋碰撞的问题。

（4）叠合板深化设计步骤

预制叠合板深化设计流程如图 5-9 所示。根据设计和施工方的提资，采用深化设计软件对预制叠合板进行参数化建模，最后生成叠合板的加工图。

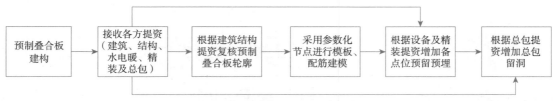

图 5-9　叠合板深化设计流程图

1）复核预制叠合板轮廓。根据接收到的建筑、结构提资，确保预制叠合板轮廓的准确性。主要复核预制叠合板是否搭进支座 10mm、后浇带宽度是否正确等内容。

2）预制叠合板建模。根据结构图配筋规格、建筑隔墙及留洞位置，对应调整预制叠合板模板、配筋参数，完成模板、配筋的建模。

3）增设机电设备点位。根据收到的水电暖及精装提资，在叠合板模型上增设机电设备点位的预埋，并增加叠合板预埋线盒定位中心线。

4）增设预留洞口。根据施工方的提资，在叠合板模型上布置预留洞口的位置及规格，依据结构规范，采取避筋或断开钢筋进行补强等措施。

（5）预制叠合板的深化加工图纸

叠合板深化加工图纸包括板模板图、板配筋图、构件信息表、钢筋表等。需注意附加钢筋和桁架筋的规格、型号，线盒的螺接方向，板的安装方向（采用箭头标识），吊点位置。以某工程为例，其 2~16 层叠合板深化加工图纸如图 5-10 所示。

（6）叠合板的 BOM 表

BOM（Bill of Material）表，也称物料清单。叠合板 BOM 表是统计叠合板所用物料的统计清单，是指导生产厂家加工构件的重要依据，通过相关深化设计软件进行统计编制。

表 5-3 是某项目运用深化设计软件自动生成的预制叠合板构件清单。

3. 楼梯板深化设计

（1）预制混凝土楼梯板的定义

在工厂预先制作的两个楼梯平台之间若干连续踏步和平板组合的混凝土构件，简称

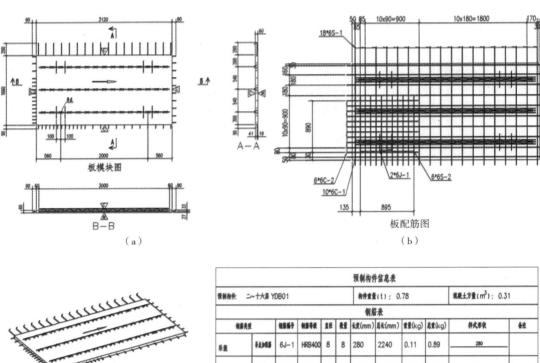

图 5-10　叠合板深化加工图

（a）模板图；（b）板配筋图；（c）三维图；（d）预制构件信息表

预制叠合板构件清单　　　　　　　　　　　　　　　　表 5-3

序号	楼栋	楼层	构件类型	构件编号	混凝土	数量	预制尺寸（mm）			外包尺寸（mm）			混凝土方量（m³）	桁架筋重量（kg）	钢筋重量（kg）	钢筋含量（kg/m³）	钢筋含量含桁架（kg/m³）	构件重量（t）
							高	宽	长	高	宽	长						
1	7号	二层	叠合板	YDB01	C30	1	60	1660	3120	9	2040	3300	0.31	15.69	34.46	111.16	161.77	0.78
2	7号	二层	叠合板	YDB02	C30	1	60	1660	3120	98	2430	3300	0.31	15.69	31.70	102.26	152.87	0.78
3	7号	二层	叠合板	YDB03	C30	1	60	2420	2820	110	2600	3000	0.41	18.80	38.75	94.51	140.37	1.02
4	7号	二层	叠合板	YDB04	C30	1	60	2560	3320	110	2940	3500	0.51	27.90	44.63	87.51	142.22	1.27

预制混凝土楼梯板。实践证明，在保证施工质量的前提下，预制混凝土楼梯板的使用，既可以节约施工成本，又可以提高楼梯的观感质量和施工效率。

（2）预制混凝土楼梯板的分类

预制混凝土楼梯板按照结构形式可以分为板式楼梯和梁板式楼梯。

预制楼梯按梯段截面形式可分为不带平板型、低端带平板型、高端带平板型、高低端均带平板型、中间带平板型等类型，如图 5-11 所示。

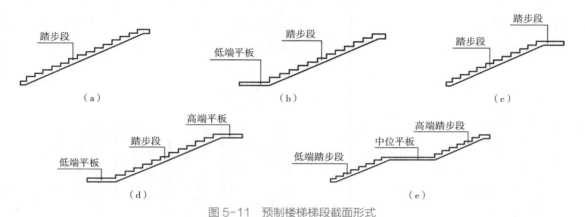

图 5-11　预制楼梯梯段截面形式

（a）不带平板型；（b）低端带平板型；（c）高端带平板型；（d）高低端均带平板型；（e）中间带平板型

（3）预制混凝土楼梯板的深化设计原则

预制混凝土楼梯板深化设计应遵循以下原则：1）预制混凝土楼梯板的拆分应综合考虑设计、加工以及施工要求，基于模数化、标准化的原则进行拆分，可以依据图集《预制钢筋混凝土板式楼梯》15G367-1 进行选型。2）符合设计要求：混凝土强度等级不宜低于 C30；纵向受力钢筋宜采用 HRB400 级热轧钢筋；钢筋保护层厚度不应小于 15mm。3）预制混凝土楼梯板宜设置双层双向钢筋。板底应配置通长的纵向钢筋，板面宜配置通长的纵向钢筋；当楼梯两端均不能滑动时，板面应配置通长的纵向钢筋。4）预制混凝土楼梯板与支承构件之间宜采用简支连接。预制楼梯宜一端设置固定铰，另一端设置滑动铰，其转动及滑动变形能力应满足结构层间变形的要求，且预制楼梯板端部在支承构件上的最小搁置长度不应小于100mm。5）吊装用预埋件宜采用内埋式螺母、内埋式吊杆等，且应符合国家现行相关标准的规定。6）预制混凝土楼梯板与墙体预留不小于 20mm 的安装缝隙，采用压力灌浆的方式填实。

（4）预制混凝土楼梯板深化设计步骤

预制楼梯深化设计流程如图 5-12 所示。根据收到的建筑、结构提资，复核预制楼梯走向、宽度、面层厚度、踏步宽度和高度、梯段厚度、平直段厚度与高度等信息是否一致，采用深化设计软件对预制混凝土楼梯板进行参数化建模，最后生成预制混凝土楼梯板的加工图。

图 5-12　预制楼梯深化设计流程图

（5）预制混凝土楼梯板的深化加工图纸

预制混凝土楼梯板的深化加工图纸，包括安装图、模板图、配筋图以及节点详图四部分，其中安装图表示楼梯安装所需信息，模板图表示模板制作所需信息，配筋图表示梯段板配筋及钢筋排布信息，节点详图分为双跑楼梯节点详图以及剪刀楼梯节点详图。以某工程为例，其 3~15 层预制楼梯深化详图如图 5-13 所示。

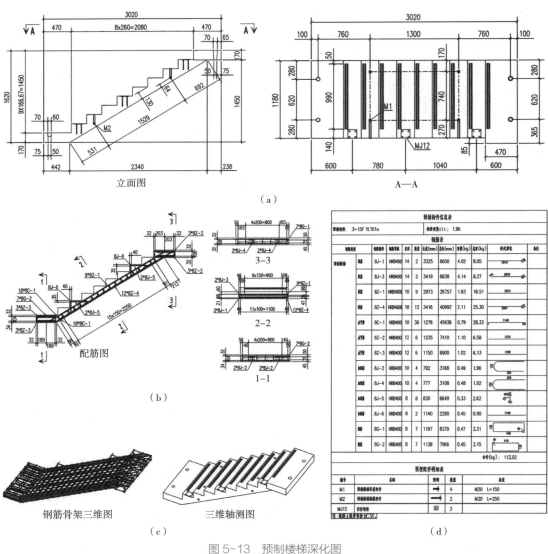

图 5-13　预制楼梯深化图

（a）立面图；（b）配筋图；（c）三维图；（d）预制构件信息表

（6）预制混凝土楼梯板 BOM 表

预制混凝土楼梯板 BOM 表是统计预制楼梯所用物料的统计清单，是指导构件加工厂加工构件的重要依据，可以通过深化设计软件进行自动统计。

表 5-4 是某项目运用深化设计软件自动生成的预制楼梯构件清单。

预制楼梯构件清单 表 5-4

序号	楼栋	楼层	构件类型	构件编号	混凝土	数量	预制尺寸（mm）			外包尺寸（mm）			混凝土方量（m³）	桁架筋重量（kg）	钢筋重量（kg）	钢筋含量（kg/m³）	钢筋含量含桁架（kg/m³）	构件重量（t）
							高	宽	长	高	宽	长						
1	7 号	3F	预制楼梯	YLT01a	C30	1	502	1265	3420	502	1265	3420	0.79	0.00	113.13	143.20	143.20	1.96
2	7 号	3F	预制楼梯	YLT01b	C30	1	502	1265	3420	502	1265	3420	0.79	0.00	113.13	143.20	143.20	1.96
3	7 号	3F	预制楼梯	YLT02a	C30	1	502	1265	3420	502	1265	3420	0.79	0.00	113.13	143.20	143.20	1.96
4	7 号	3F	预制楼梯	YLT02b	C30	1	502	1265	3420	502	1265	3420	0.79	0.00	113.13	143.20	143.20	1.96

4. 剪力墙板深化设计

（1）预制剪力墙板定义

预制剪力墙板是指在工厂预制的、主要承受风荷载或者地震作用引起的水平荷载和竖向荷载（重力）的墙体结构，通过竖向、水平连接在现场装配而成的混凝土构件。

（2）预制剪力墙板分类

预制混凝土剪力墙根据位置可分为预制混凝土剪力墙外墙板和内墙板。依据结构体系可以分为三类，包括全部或部分预制剪力墙结构、装配整体式双面叠合混凝土剪力墙结构、内浇外挂剪力墙结构。

1）全部或部分预制剪力墙结构：该结构通过竖缝节点区后浇混凝土和水平缝节点区套筒灌浆连接或浆锚连接等方式实现结构的整体连接；

2）装配整体式双面叠合混凝土剪力墙结构：该结构将剪力墙从厚度方向划分为三层，内外两侧预制，通过桁架钢筋连接，中间浇混凝土，墙板竖向分布钢筋和水平分布钢筋通过附加钢筋实现间接连接；

3）内浇外挂剪力墙结构：该结构的剪力墙外墙由预制的混凝土外墙模板和现场浇筑部分组成，其中预制外墙模板设桁架钢筋与现浇部分连接。

（3）预制剪力墙板的深化设计原则

预制剪力墙板深化设计应遵循以下原则：

1）深化设计不违反现有国家、地方相关设计、施工规范及图集的规定；

2）针对预制剪力墙进行科学系统深化设计，做到少规格、多组合；

3）符合设计要求：剪力墙结构底部加强位置的剪力墙宜采用现浇混凝土；楼梯间、电梯间的剪力墙宜采用现浇混凝土；结构小震计算处于偏心受拉的墙肢不宜采用预制剪力墙，如采用，需保证其水平缝的抗剪承载力；预制剪力墙竖向应上下对齐；混凝土保护层厚度除满足现行国家标准的相关要求外，水平和竖向分布钢筋、连梁和边缘构件箍筋的保护层厚度不宜小于 15mm，钢筋套筒净间距不应小于 25mm；

4）预制剪力墙板的水平尺寸宜按照建筑开间和进深尺寸划分，宽度不宜大于 7.2m，高度不宜大于层高，宜采用"一"字形，也可采用 L 形、T 形或 U 形；开洞预制剪力墙洞口宜居中布置，洞口两侧的墙肢宽度不宜小于 400mm，不应小于 200mm，洞口上方连梁高度不宜小于 250mm；

5）单个构件重量不宜过小，应综合考虑吊装成本，要求单片预制剪力墙重量尽量相差不大，一般控制在 5~8t；

6）预制剪力墙接缝位置应选择受力较小的部位；长度较大的剪力墙在拆分时可以考虑对称居中拆开；

7）符合构造要求：预制剪力墙构件与现浇混凝土连接的界面应设计成粗糙面，平均凹凸深度不小于 6mm；门窗洞口角部等应力集中的位置应设抗裂钢筋；边缘构件纵向钢筋应上下贯通，预留预埋和保温连接件等应避开主要受力纵筋；

8）竖向连接采用灌浆套筒连接时，纵筋锚固在套筒内的长度不应小于 8d，纵筋下料长度按正偏差控制；自套筒底部至套筒顶部并向上延伸 300mm 范围内，预制墙板的水平分布筋和箍筋应加密；

9）上下层预制剪力墙的竖向分布钢筋宜采用双排连接，采用单排连接时应满足《装配式混凝土建筑技术标准》GB/T 51231—2016 的相关要求；当采用双排梅花形连接时，连接钢筋的配筋率不小于现行国家标准规定的最小配筋率要求，连接钢筋的直径不应小于 12mm，同侧间距不应大于 600mm；

10）深化设计正确反映建筑、设备、电气等专业所需的预留孔和预埋管线、埋件等，对有冲突的预留预埋应协同各专业进行设计调整；考虑预制构件施工吊装就位需要的预埋件；同时考虑施工单位脚手架、塔式起重机安装所需的预留预埋。

（4）预制剪力墙板深化设计步骤

预制剪力墙板深化设计流程如图 5-14 所示。根据设计和施工方的提资，采用深化设计软件对预制剪力墙板进行参数化建模，最后生成预制剪力墙板的加工图。

1）复核预制剪力墙轮廓。根据收到的建筑、结构提资，复核预制剪力墙是否涉及边缘构件及非阴影区，预制剪力墙尽量避开此部位。

图 5-14　预制剪力墙深化设计流程图

2）预制剪力墙建模。根据剪力墙结构图配筋规格、结构板厚等信息，采用等截面替换方式计算预制剪力墙配筋，对应调整预制剪力墙模板、配筋、埋件等参数，完成模板、配筋的建模。

3）增设机电设备点位。根据建筑、水电暖及精装提资，在剪力墙模型中增设设备点位的预埋，增加沿水平方向预埋线盒中心定位线、沿高度方向盒底部定位线。

4）增设预留洞口。根据施工方的提资，在预制剪力墙中预留相应规格的洞口，依据相关规范，采取避筋或断开钢筋进行补强等措施。

（5）预制剪力墙板的深化加工图

预制剪力墙板深化加工图的基本内容包括：

1）图中绘制预制剪力墙主视图、左视图、右视图、俯视图、配筋图、装配方向 3D 视图、装配反方向 3D 视图，为了方便识图，模板图可合并在配筋图中，但需要表示清楚门窗、装饰材料、预留洞口、预埋件、管线、开关插座；粗糙面、键槽构造，面砖、石材需绘制排板图；

2）钢筋用双线图表示，带肋钢筋要用满外值表示（按照钢筋加工最大正误差）；

3）套筒连接的钢筋，钢筋表要求有加工误差要求，要与套筒对接钢筋的误差要求相匹配；

4）预制剪力墙参数表；

5）预埋件明细表。

以某工程为例，其预制剪力墙深化加工图如图 5-15 所示。

（6）预制剪力墙 BOM 表

预制剪力墙 BOM 表是统计预制剪力墙板所用物料的清单，是指导构件加工厂加工构件的重要依据，可以通过深化设计软件自动统计。

表 5-5 是某项目运用深化设计软件自动生成的预制剪力墙构件清单。

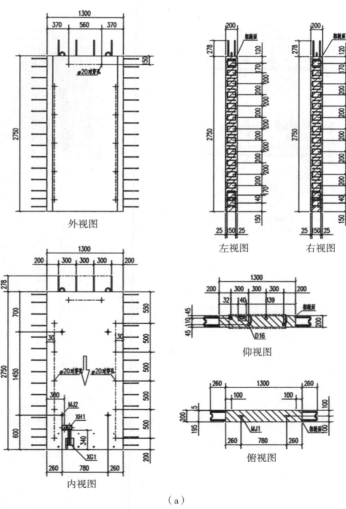

（a）

图 5-15 预制剪力墙深化加工图（一）

（a）预制剪力墙视图

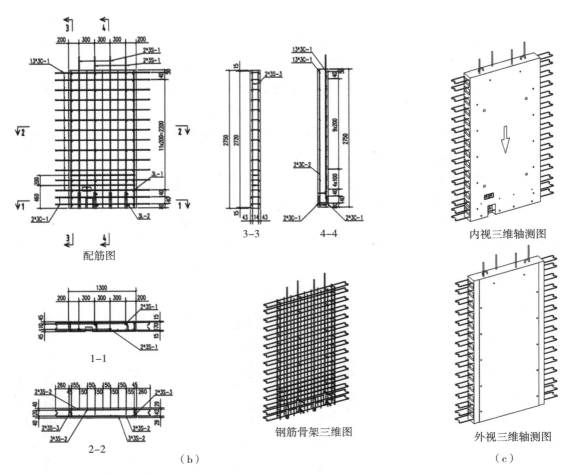

配筋图

3-3 4-4 内视三维轴测图

1-1

2-2

钢筋骨架三维图

外视三维轴测图

（b） （c）

预制构件：3~15F YNQ01	构件重量（t）：1.75	混凝土方量（m³）：0.70

预埋配件明细表

编号	名称	图例	数量	备注
D16	钢筋连接套筒		4	外径48，L=310
MJ1	吊装埋件		2	
MJ2	脱模、斜撑用螺栓		4	M20 L=120
φ20 对穿孔	φ20 对穿孔		12	

预埋设备配件明细表

编号	名称	图例	数量	备注
XH1	预埋 PVC 线盒		2	
XG1	PC20 线管		3	合计长度 L= 0.51m

（d）

图 5-15　预制剪力墙深化图（二）

（b）配筋图；（c）三维图；（d）预制构件信息表

钢筋类型		钢筋编号	钢筋等级	直径	数量	长度（mm）	总长（mm）	重量（kg）	总重（kg）	样式形状	备注
预制墙	水平筋	3C-1	HRB400	8	30	1946	58380	0.77	23.07	1820	
	水平筋	3C-2	HRB400	8	2	2936	5872	1.16	2.32	1248	
	竖向筋	3S-1	HRB400	16	4	2866	11464	4.53	18.11	2866	
	竖向筋	3S-2	HRB400	6	10	2720	27200	0.60	6.04	2720	
	竖向筋	3S-3	HRB400	12	4	2720	10880	2.42	9.66	2720	
	拉筋	3L-1	HRB400	6	36	237	8532	0.05	1.91	154	
	拉筋	3L-2	HRB400	6	6	265	1590	0.06	0.35	182	
合计（kg）：61.46											

（e）

图 5-15 预制剪力墙深化图（三）

（e）钢筋表

预制剪力墙构件清单 表 5-5

序号	楼栋	楼层	构件类型	构件编号	混凝土	数量	预制尺寸（mm）			外包尺寸（mm）			混凝土方量（m³）	桁架筋重量（kg）	钢筋重量（kg）	钢筋含量（kg/m³）	钢筋含量含桁架（kg/m³）	构件重量（t）
							高	宽	长	高	宽	长						
1	7 号	3F	预制剪力墙	YNQ01	C35	1	2750	200	1300	3028	200	1820	0.70	0.00	61.38	87.69	87.69	1.75
2	7 号	3F	预制剪力墙	YNQ02	C35	1	2750	200	1100	2996	200	1620	0.58	0.00	59.63	102.81	102.81	1.44
3	7 号	3F	预制剪力墙	YNQ03	C35	1	2760	200	2200	3028	200	2720	1.19	0.00	149.15	125.34	125.34	2.98
4	7 号	3F	预制剪力墙	YNQ04	C35	1	2530	200	700	3012	200	1220	0.35	0.00	38.87	111.06	111.06	0.87

5.2.2 节点深化设计

预制混凝土构件节点就是预制构件之间的水平连接和竖向连接。装配式混凝土结构中，根据预制构件节点处受力、施工工艺等不同情况，可采用以下连接方式：钢筋套筒灌浆连接、浆锚搭接连接、组合螺栓套筒连接、冷挤压套筒连接、绑扎连接、混凝土连接等。混凝土连接主要是预制构件与后浇混凝土的连接，一般通过设置粗糙面和抗剪键槽来加强连接。

基于相关规范和图集，采用深化设计软件完成预制构件节点的深化设计，并辅助现场施工作业。

1. 预制叠合板节点深化设计

预制叠合板节点包括预制底板与现浇面层的接合面、板端支座处、板侧支座处以及板间拼缝处。

预制叠合底板与后浇混凝土之间的结合面应设置粗糙面，粗糙面凹凸深度不应小于4mm。

端支座处，预制叠合底板内的纵向受力钢筋宜从板端伸出并锚入支撑梁或墙的后浇混凝土中，锚固长度不应小于$5d$，且宜伸过支座中心线，如图5-16所示。

单向叠合板板间分离式接缝宜配置附加钢筋，如图5-17所示。

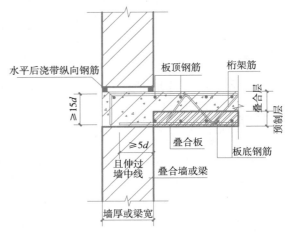

图5-16　预制叠合板支座节点构造

双向叠合板板间的整体式接缝处由于有应力集中情况，宜将接缝设置在叠合板的次要受力方向上且避开最大弯矩截面。依据相关图集可知，常见节点构造包括以下四种：①板底纵筋直线搭接；②板底纵筋末端带135°弯钩连接，如图5-18所示；③板底纵筋末端带90°弯钩连接；④板底纵筋弯折锚固。

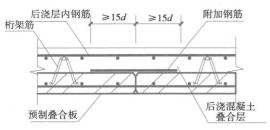

图5-17　单向叠合板板间节点构造

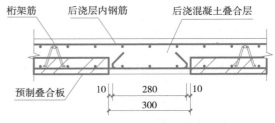

图5-18　双向叠合板板间节点构造

2. 预制楼梯板节点深化设计

预制楼梯板节点主要包括上下端支座连接。

预制楼梯上下端连接节点构造分为三种：①搁置式、采用销孔与挑耳进行连接（常用方式），高端支撑为固定铰支座，低端支撑为滑动铰支座（具体节点做法见图5-19）；②高端采用预埋钢筋，低端采用预埋件进行连接，高端支撑为固定支座，低端支撑为滑动铰支座；③高端与低端均采用预埋钢筋进行连接，高端支撑与低端支撑均为固定支座。

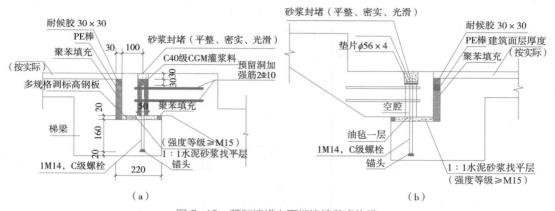

图 5-19 预制楼梯上下端连接节点构造

（a）高端支撑固定铰支座；（b）低端支撑滑动铰支座

3. 预制剪力墙板节点深化设计

预制剪力墙板节点主要包括水平接缝连接节点和竖向接缝连接节点。

预制剪力墙的顶面、底面和两侧面应处理为粗糙面或者制作键槽，与预制剪力墙连接的水平后浇带上表面也应处理为粗糙面。粗糙面露出的混凝土粗骨料不宜小于其最大粒径的 1/3，且粗糙面凹凸不应小于 6mm。

上下预制剪力墙板之间，先在下墙板和叠合板上部浇筑水平后浇带后，采用套筒灌浆或浆锚搭接连接上墙板，具体水平接缝连接节点构造如图 5-20 所示。

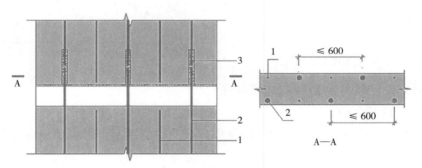

图 5-20 预制剪力墙水平接缝连接节点构造

1—不连接的竖向分布钢筋；2—连接的竖向分布钢筋；3—灌浆套筒

预制剪力墙板竖向接缝连接节点，优先采用连接区段长度不大于 600mm 的连接节点（根据《装配式建筑评价标准》GB/T 51129—2017，现浇节点长度不大于 600mm 时，现浇节点可计入预制混凝土体积），预制构件水平筋甩筋应选便于构件吊装，方便现场钢筋绑扎的方式。"一"字型连接节点钢筋排布构造如图 5-21 所示，其余种类连接节点可参考相关图集。

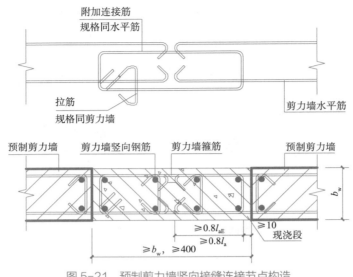

图 5-21　预制剪力墙竖向接缝连接节点构造

5.2.3　机电深化设计

预制混凝土构件机电深化设计是指对预制竖向构件（预制剪力墙、预制柱）或预制水平构件（预制梁、叠合板）进行线管的预留预埋和防雷设计。叠合板预埋线盒如图 5-22 所示。

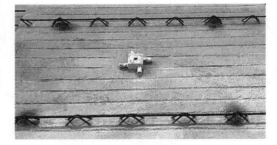

图 5-22　叠合板预埋线盒

1. 预制构件机电深化设计流程

基于深化设计软件的预制构件机电深化流程，如图 5-23 所示。

（1）根据设计提资建立 BIM 深化设计模型，此时的模型不考虑预制构件的拆分和机电的预留预埋；

（2）根据预制构件的深化设计方案对构件进行一次拆分，并根据结构施工图对预制构件进行配筋布置；

（3）依据机电专业提供的所有系统点位布置图，在预制构件深化模型上进行点位放样；

（4）根据机电专业提资放样的预留预埋点位，结合预制构件拆分布置进行核对并提出优化意见；

（5）预制构件上的预留预埋点位优化确认后，在深化设计的模型中对预制构件进行预留预埋布置，并根据预留预埋布置进行必要的钢筋避让；

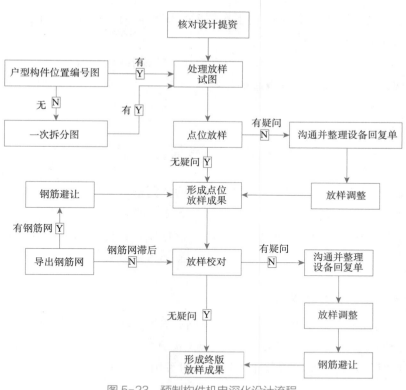

图 5-23　预制构件机电深化设计流程

（6）模型经检查确认后，对预留预埋的点位和开洞进行定位，按照标准生成最终的预制构件深化加工图。

2. 预制叠合板机电深化内容

（1）叠合板的机电预留预埋包括照明系统、消防系统、强电系统和建筑其他要求的预埋预留。例如消防系统的预埋预留，消防系统管线确定暗敷设置需要在叠合预制板底预留预埋接线盒，其常用线盒有应急照明、疏散指示照明、火灾自动报警系统中的感烟探测器和火灾应急广播等。

（2）叠合板的竖向穿管预留主要包括公共建筑的消火栓系统、污水系统及雨水系统立管的穿管预留。

（3）叠合板的预留洞口包括了烟道、风井洞口、桥架开洞、其他特殊要求需预留洞口等。

3. 预制剪力墙机电深化内容

（1）电气插座应结合精装图的平面位置、标高、布线方式等预留到相应的预制墙板上，并做好与现浇部分的衔接，内容包括开关插座、低位插座、高位插座、弱电插座、可视对讲插座、红外幕帘插座、LEB 等调位插座等。

（2）当线盒设在预制墙板上并向下布线时，应预留便于操作的手孔，且手孔和线盒位置应避开边缘构件的纵向受力钢筋。

（3）空调室外机冷媒管预留洞位置可做微调，应避开纵筋和箍筋。

（4）新风洞宜设在窗下非承重墙的位置。

5.2.4　模具深化设计

预制混凝土构件模具主要用于构件生产中的预制混凝土构件成型。模具作为工厂化预制构件生产重要的周转材料，其设计、加工和组装直接影响构件生产的质量，进而影响整个工程施工工期。从模具深化设计入手，优化模具设计方案，以生产出高质量的预制构件产品。

1. 预制混凝土构件模具的种类

根据预制构件的不同类型，模具分为预制叠合板模具（图5-24），预制剪力墙模具（图5-25）、预制楼梯模具（图5-26）等。根据模具的材料不同，可以分为钢模具、铝模具以及塑料模具等，目前预制混凝土构件模具常采用钢模具。

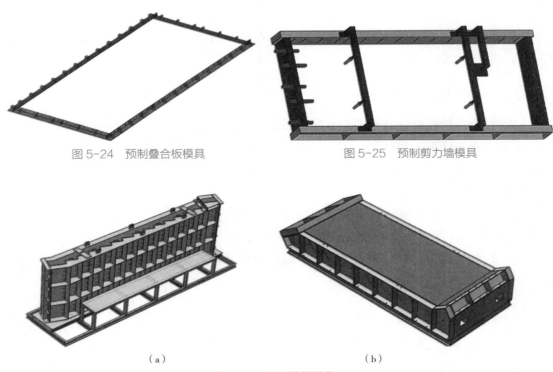

图 5-24　预制叠合板模具　　　　　图 5-25　预制剪力墙模具

（a）　　　　　　　　　　　（b）

图 5-26　预制楼梯模具

（a）立式；（b）卧式

2. 预制混凝土构件模具设计流程

预制混凝土构件模具设计流程如图 5-27 所示。

以预制叠合板模具为例介绍模具设计过程：

（1）产品分析

1）结构特点。预制桁架叠合楼板是由预制板和现浇钢筋混凝土层叠合而成的装配式整体式楼板。预制板既是楼板结构的组成部分之一，也是现浇钢筋混凝土叠合层的底模板，同时在现浇叠合层内敷设水平方向的强弱电管线。

2）外形构造。预制叠合楼板跨度一般为 4~6m，预制叠合楼板有单向板和双向板的分别，以钢筋的伸出为主要区别特点。

（2）模具构造

1）模具装配，预制叠合楼板挡边模具材料选取优先级别为：铝型材、钢制成型角钢、钢板拼焊角钢。

2）楼板钢筋伸出，挡边在伸出筋位置做开槽处理。

3）挡边采用角钢或拼焊，需要设置筋板加强，防止模具变形。

4）连接安装。

（3）连接方式

叠合板模具挡边常见连接安装方式有三种，分别为长边包短边、短边包长边、万字形四边伸出，如图 5-28 所示。

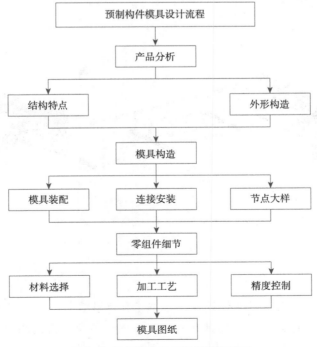

图 5-27　预制构件模具设计流程图

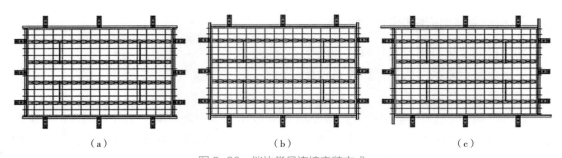

图 5-28　挡边常见连接安装方式

（a）长边包短边；（b）短边包长边；（c）万字形四边伸出

（4）节点大样

1）模具连接处开孔节点，见图 5-29（a）。

2）预制构件伸出钢筋，根据钢筋间距开 U 型槽节点，见图 5-29（b）；

3）预制楼板模具直角定位节点，见图 5-29（c）；

4）预制楼板模具拼接节点，见图 5-29（d）；

5）预制楼板模具挡边固定节点，见图 5-29（e）。

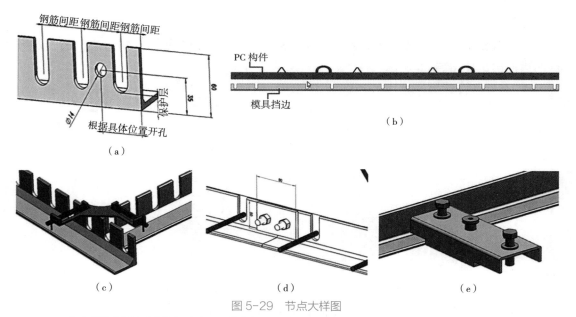

图 5-29　节点大样图

（a）模具连接处开孔节点；（b）U 型槽节点；（c）直角定位节点；（d）拼接节点；（e）挡边固定节点

📱 学习小结

　　本节主要围绕装配式建筑深化设计，介绍了预制叠合板、预制楼梯和预制剪力墙等常见预制混凝土构件的深化设计原则及流程；并介绍了常见预制构件的深化设计图纸内容和材料清单；介绍了常见预制构件节点、机电以及模具的深化设计内容。

知识拓展

 学习资源

1. 基于软件的预制构件自动深化示例（附二维码）；

2. 预制叠合板深化设计实例（附二维码）；

3. 预制楼梯深化设计实例（附二维码）；

4. 预制剪力墙深化设计实例（附二维码）。

基于软件的预制构　预制叠合板深化　预制楼梯深化　预制剪力墙深
件自动深化示例　　设计实例　　　　设计实例　　　设计实例

习题与思考

习题参考答案

1. 填空题

（1）叠合板按具体受力状态可分为：_____、_____。

（2）预制混凝土楼梯板按结构形式可分为：_____、_____。

（3）预制楼梯按梯段截面形式可分为：_____、_____、_____、_____、_____。

（4）叠合板模具挡边常见连接安装方式分别是：_____、_____、_____。

2. 问答题

（1）在进行预制构件深化设计时，需要考虑的原则有哪些？

（2）预制混凝土构件机电深化设计是指对什么进行设计？

（3）预制叠合板节点包括哪些？

（4）预制楼梯上下端连接节点构造有哪三类？

（5）请简要叙述预制构件机电深化设计流程。

5.3 装配式结构施工辅助设计

教学目标 📖

一、知识目标

1. 熟悉装配式混凝土结构施工模拟的内容；

2. 掌握装配式混凝土结构施工项目平台管理应用。

二、能力目标

1. 了解装配式混凝土结构施工模拟及 VR 吊装交底内容；

2. 能说明装配式混凝土结构施工项目平台管理的主要功能。

三、素养目标

1. 具有良好倾听的能力，能有效地获得各种资讯；

2. 能正确表达自己思想，学会理解和分析问题。

学习任务 🖳

对装配式混凝土结构施工模拟、项目管理平台主要功能有全面的了解，为装配式混凝土结构施工辅助设计的应用打下基础。

建议学时 ⛶

2 学时

思维导图

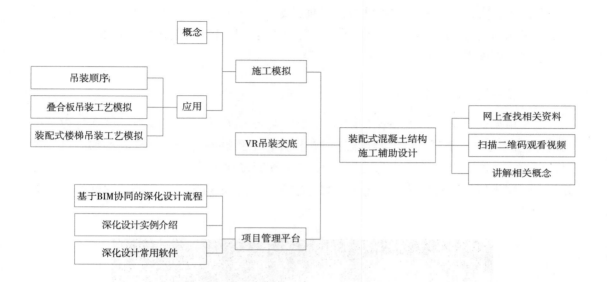

近年来，我国装配式建筑发展迅速，但是受到项目管理水平较低、信息传递缓慢、深化设计误差以及相关法律法规不完善等因素的影响，装配式建筑发展受到了一定程度的限制。在装配式建筑建设过程中合理应用 BIM 技术，可以实现三维方式呈现建筑结构和外观，使深化设计存在的误差得到一定程度的避免。借助 BIM 技术将装配式建筑施工阶段各项工作现实情况和装配式建筑空间模型表现出来，为推进装配式建筑施工顺利开展提供有力支持。

5.3.1　施工模拟

1. 施工模拟的概念

在施工图深化设计模型和预制构件模型的基础上添加建造过程、进度安排、施工顺序、堆场位置、安装位置和施工工艺等信息。充分利用模型所包含的信息，根据项目施工组织计划方案，对重点部位构件的安装进行动态虚拟仿真模拟，优化施工工序，实现可视化交底。针对施工难度大、复杂及采用新技术、新工艺、新设备、新材料的施工方案，应采用 BIM 技术进行施工方案模拟，验证施工方案的可行性，对方案进行优化和调整，从而制定出最佳施工方案。同时，有助于提升沟通效率、工程质量、保证施工安全和工程的可控性管理。

施工方案模型可基于施工图设计模型或深化设计模型创建，并将施工方案信息与模型关联，补充完善模型信息。在施工方案模拟前应明确工期时间节点、工序间接口管理重点、设备材料到货需求等信息，确认工艺流程及相关技术要求，辅助完成相关施工方案的编制。

在施工方案模拟过程中应将涉及的进度计划、工作面、施工机械以及工序交接、质量安全要求等信息与模型关联，模拟优化施工方案，并且可以制作标准化的施工方案、工艺模拟的样板指引展示、交底视频。

2. PC 吊装工艺模拟案例

以某市妇幼保健院医院主楼住院部项目为例介绍 PC 吊装工艺模拟，该项目为某市妇幼保健院医院主楼项目，主楼住院部 PC 构件包括预制叠合楼板、预制楼梯，单体预制装配率为 45%，其中叠合板为首层至 10 层，预制楼梯为首层至 12 层。将主楼后浇带分为 4 个流水区段，按序施工，各流水段吊装顺序为由北到南、由东西往中间推进，如图 5-30 所示。

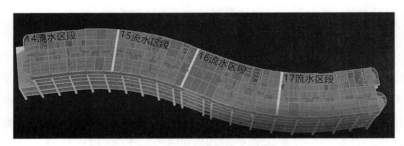

图 5-30　后浇带流水区段

（1）吊装顺序

预制构件吊装顺序为先吊装预制叠合板后吊装预制楼梯。

第 1~2 天，首先完成测量放线及标高测定工作，然后进行现浇柱的钢筋绑扎。

第 3~4 天，进行现浇柱、梁、板的模板搭设及支架的搭设。

第 5 天，完成竖向现浇柱浇筑。

第 6~7 天，装配式叠合板及装配式楼梯按序吊装。

第 7~10 天，梁、现浇楼梯、现浇楼板进行钢筋绑扎以及混凝土浇筑。单个区域内的工作周期为 10 天，在上个区域工作至第三天的时候，开始进行下个区域的施工，依此类推穿插施工，如图 5-31 所示。

（2）叠合板吊装工艺模拟

叠合板起吊至 0.5m 左右时，塔式起重机起吊装置确定安全后，继续起吊。起吊至距离楼面 0.5m 时，停止降落，操作人员稳住叠合板，参照墙顶垂直控制线和下层板面上的控制线，引导叠合板缓慢降落，待构件稳定后摘钩并校正，如图 5-32 所示。

图 5-31　施工场地模型

图 5-32　叠合板吊装示意图

图 5-33　装配预式楼梯吊装示意图

叠合板的吊装根据设计要求，需与现浇剪力墙、现浇梁相互搭接 10mm，需在以上结构上方或下层板面上弹出水平定位线，进行水平定位控制；对钢管排架支撑的竖向标高进行严格控制。

（3）装配式楼梯吊装工艺模拟

装配式楼梯起吊到距离地面 0.5m 左右，塔式起重机起吊装置确定安全后，继续起吊。待楼梯下放至距楼面 0.5m 处，由专业操作工人稳住预制楼梯，根据水平控制线缓慢下放楼梯，对准楼梯梁模板，安装至设计位置。楼梯安装完成后，梯梁、休息平台部位的支架需待现浇结构混凝土强度达到 100% 时，方可拆除，如图 5-33 所示。

通过进行施工模拟对每个阶段具体施工状态进行实时监测，确保及时发现施工组织存在的纰漏，从而对施工进度计划进行及时调整，避免在具体施工过程中各工种、工序与专业存在矛盾，避免出现消极怠工现象，进一步保障施工进度。合理应用 BIM 技术能够对工程项目展开三维施工模拟，通过对其构件吊装顺序进行有效模拟，能够确保顺利进行构件安装，避免出现二次搬运。与此同时，在技术交底工作中合理应用三维模拟技术，能够确保在工人面前直观展示复杂施工过程，更为深入地了解施工设计，避免返工现象的发生，进一步保障施工进度，有效提升施工质量。

5.3.2　VR 吊装交底

装配式建筑项目与传统土建施工存在差异，为更好地让施工人员快速掌握流程以及注意事项，通过动画的形式，对 PC 构件的吊装、安装、支撑、灌浆等流程进行了交底，使得施工技术交底更加直观、形象、具体，如图 5-34 所示。

装配式建筑 VR 依托虚拟仿真技术，围绕装配式建筑项目建设过程，还原墙板吊装、预埋、节点模板安装、水平构件吊装、楼面模板安装、管线预埋、楼面

图 5-34　VR 交底展示

钢筋绑扎、现浇混凝土、混凝土养护、楼梯吊装等一系列工序，紧密结合相关规范，真实再现施工场景，让操作人员自主动手进行操作体验，实现理论与实践一体化。

5.3.3 项目管理平台

1. 项目管理平台总界面

模型数据集成在项目管理平台上之后，项目全体参与人员可通过不同端口随时随地查看项目模型，对项目的物料、安全、质量、资料进行全方位管理，如图5-35所示。

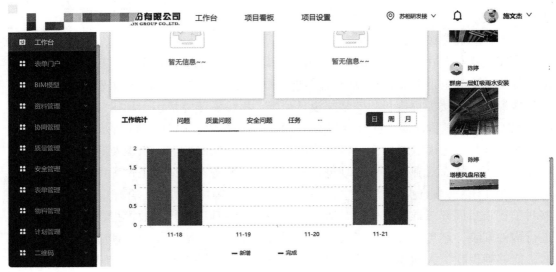

图5-35 平台界面

2. 项目管理平台功能模块

（1）安全质量管理

发现的安全以及质量问题随时记录，问题可追溯，可统计分析，问题与BIM模型构件双向关联，为原有模型再增加一项新的安全质量信息维度，通过模型构件可查看相关过程质量问题，通过质量问题记录可在BIM模型中定位到对应部位。问题解决后，可形成闭环，以供后期查看、资料归档。可见安全质量处理信息充分反映了安全质量管理中动态控制的原理，可以使管理者通过BIM平台，清晰了解工程中的问题发生、处理、解决的状态，提升对工程的整体掌控能力。最终数据会同步到企业的管理平台上。

（2）物料管理

在项目管理平台中根据构件类型及分类编码生成二维码，如图5-36所示。通过二维码将虚拟的BIM模型与现实中的构件联系起来，实现了构件生产的集约型管理。

在项目管理平台中可以对各预制构件进行模型定位，查看各构件的位置及构件属性，如图 5-36（c）所示。

图 5-37 是现场的预制墙板，我们可以看到每一面墙都有二维码，需要注意的是，二维码张贴位置很重要，需要考虑运输过程中的堆放形式。在平台中完成对构件级别物料的追踪，这是第一步，为了能保证这个应用点能落地，还需要对构件厂各个岗位及现场吊装人员都进行交底，确定整个实施流程。

（3）进度管理

在项目管理平台中将 BIM 模型与施工组织计划进行绑定，通过施工流水单元进行拆分，形成 4D 进度管理模型，形成可视化虚拟施工进度形象展示，并通过计划进度和实际进度的对比，寻找差异原因，进行控制和优化。

在项目的进度管理系统中收集数据，并确保数据的准确性。然后根据不同深度、不同周期的进度计划要求，创建项目工作分解结构（WBS），分别列出各进度计划的活动（WBS 工作包）内容。根据施工方案确定各项施工流程及逻辑关系，制定初步施工进度计划。将进度计划与模型关联生成施工进度管理模型，利用施工进度管理模型进行可视化施工模拟。检查施工进度计划是否满足约束条件、是否达到最优状况。若不满足，需要进行优化和调整，优化后的计划可作为正式施工进度计划。

根据进度完成情况，进度管理系统自动统计分项进度情况，对逾期任务自动预警并推送消息，任务负责人定期在 APP 反馈项目进度，方便项目管理人员查看进度的实施情况，实时把控各进度的走向，确保整体工程在计划的项目周期内完工，形成进度精细化管控。

（4）资料管理

项目中遇到的问题主要有：信息不互通、图纸变更太多、变更记录混乱。装配式建筑项

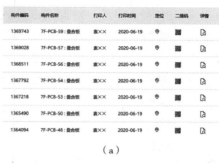

（a）

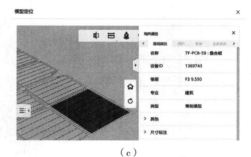

（b）

（c）

图 5-36　预制叠合板构件管理

（a）构件二维码界面；（b）生成二维码；
（c）模型定位图

图 5-37　现场预制墙板

目很多工作需要前置，对图纸准确性要求很高，所以可以采用云平台对项目资料进行统一管理，根据不同的专业、不同的管理部门自动对平台数据进行归档，支持用户进行下载、查看、批量打印、上传等操作，并且系统支持上传资料关联到对应的 BIM 模型构件，给现场管理人员提供最新的、统一的电子图纸，方案交底等信息，与质量安全管理结合，实现施工现场的无纸化管理。

学习小结

本小节主要介绍了施工模拟的概念及具体案例的应用，充分利用模型所包含的信息，根据项目施工组织计划方案，对重点部位构件的安装进行动态虚拟仿真模拟，优化施工工序，实现可视化交底。同时介绍了项目管理平台的主要功能模块。

知识拓展

（1）某市妇保医院 PC 吊装模拟动画视频（附二维码）；

（2）某市轨道交通五号线工程装配动画模拟视频（附二维码）。

某市妇保医院
PC 吊装模拟动
画视频

某市轨道交通五
号线工程装配动
画模拟视频

习题与思考

习题参考答案

1. 填空题

（1）在＿＿＿＿模型和＿＿＿＿模型的基础上可添加建造过程、进度安排、施工顺序、堆场位置、安装位置和施工工艺等信息。

（2）项目管理平台功能模块主要包括＿＿＿＿、＿＿＿＿、＿＿＿＿和＿＿＿＿。

2. 简答题

简述进行施工模拟的意义。

第 6 章

数字一体化技术拓展应用

6.1 运维阶段技术应用

教学目标

一、知识目标

1. 了解三维扫描设备应用情况；

2. 了解智慧运维管理系统的数据架构。

二、能力目标

1. 能应用三维扫描仪进行扫描及模型创建；

2. 能根据运维需求添加模型数据信息。

三、素养目标

1. 能不断学习新知识、新技术，并能应用到数字一体化设计工作中；

2. 能对新技术应用进行总结，并形成总结文档。

学习任务

　　了解数字一体化设计技术在建筑运维阶段的拓展应用，掌握至少一项三维扫描设备的使用方法及项目数据信息添加的方法。

建议学时

　　4 学时

思维导图

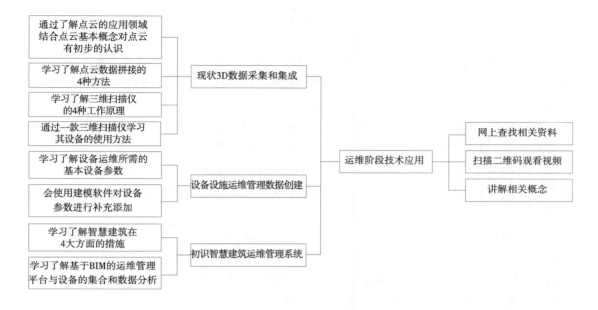

6.1.1 现场 3D 数据采集和集成

1. 点云的概念

点云是由大量的三维点组成的数据集合。每个点都有其在三维空间中的坐标和可能的其他属性信息，例如颜色、法线向量、强度等。点云通常通过激光扫描仪、摄像机或其他传感器来获取信息，这些传感器测量了它们与周围环境的距离或深度。

点云在许多领域中都得到广泛应用，包括计算机图形学、计算机视觉、机器人技术和地理信息系统（GIS）等。点云可以用于重建三维场景、进行形状分析和识别、进行运动估计和路径规划等任务。

点云可以表示实际物体的表面形状，例如建筑物、人体或汽车等。它们也可以表示自然环境的地形或植被。点云可以是稠密的，即点之间的距离很小；也可以是稀疏的，即点之间的距离较大。点云的密度通常取决于采集点云的传感器的性能和设置。

处理点云数据需要使用特定的算法和工具。常见的点云处理任务包括点云滤波（去除噪声或无关点）、点云配准（将多个点云对齐）、点云分割（将点云分成不同的部分或对象）、特征提取（提取点云中的特定形状特征）和点云可视化（将点云以可视化的方式呈现）等。

随着三维传感器和扫描技术的不断发展，点云的应用领域和重要性还在不断扩大。它们对于实现自动驾驶、虚拟现实、增强现实和数字化建筑等领域都具有重要的作用。

2. 点云数据拼接

坐标变换和拼接：如果有多个点云数据集合，每个数据集合都有自己的坐标系，可以通过坐标变换将它们对齐到同一个全局坐标系中。首先，选定一个参考点云数据集合作为基准，然后通过计算其他点云数据集合与基准点云之间的坐标变换关系（如平移、旋转和缩放），将它们转换到基准点云的坐标系中。最后，将转换后的点云数据集合合并为一个整体点云。

特征匹配和配准：如果点云数据集合之间存在部分重叠区域，可以使用特征匹配和配准的方法将它们拼接在一起。首先，从每个点云数据集合中提取特征描述子集，如关键点、法线向量或局部特征等。然后，使用特征匹配算法来寻找不同点云数据集合之间的对应关系。最后，根据匹配结果，使用配准算法将不同点云数据集合对齐并拼接为一个整体点云。

体素化和融合：如果点云数据集合之间没有明显的重叠区域，可以使用体素化和融合的方法将它们合并为一个整体点云。首先，将每个点云数据集合进行体素化，将点云划分为一个个小的体素（三维像素）。然后，根据体素之间的重叠情况，使用融合算法将不同点云数据集合的体素信息进行融合，得到一个完整的点云数据。

深度图像拼接：如果有多个深度图像或彩色图像，可以先通过相机标定将它们对齐到同一个坐标系中。然后，将每个图像转换为对应的点云数据集合，可以使用三角化或深度传感器等方法。最后，将转换后的点云数据集合合并为一个整体点云。

3. 三维扫描仪的工作原理

激光扫描：激光扫描是一种常用的三维扫描原理。激光扫描仪发射一束激光束，并测量激光束与物体表面的反射或回弹时间来计算物体表面的距离。具体而言，激光扫描仪通过发送短脉冲激光，记录激光从发射到接收的时间差。利用光速恒定的特性，可以根据时间差计算出激光从仪器到物体表面的距离。激光扫描仪通常采用旋转式或移动式扫描头，以覆盖整个物体或场景，并记录每个位置的激光测距数据。通过组合这些测量数据，可以构建出物体或场景的三维点云。

结构光扫描：结构光扫描是另一种常见的三维扫描原理。它利用投射光源（通常是激光投影仪）在物体表面上形成结构化光纹或光格，并使用相机或传感器来记录光纹的形状和变形。结构光扫描仪在扫描过程中将光纹投影到物体表面，然后通过捕捉相机记录的光纹图像，并利用图像中的形变信息计算出物体表面的几何形状。这种扫描原理适用于小范围的物体或场景扫描，并且通常具有较快的扫描速度。

纹理映射扫描：纹理映射扫描是一种结合了几何形状和纹理信息的三维扫描原理。它利用相机拍摄物体或场景的图像，并记录每个像素点在物体表面上的对应位置。然后，通过对这些像素点的位置进行三维重建，可以生成点云数据。在扫描过程中，纹理映射扫描仪通常会使用额外的光源来提供适当的照明条件，以确保图像中的纹理信息清晰可见。纹理映射扫描适用于具有丰富纹理的物体，可以提供更加真实和详细的表面信息。

时间飞行（Time-of-Flight）扫描：时间飞行扫描是一种基于光的传播时间来计算物体距离的原理。时间飞行扫描仪发送脉冲光束（通常是红外光）并测量光束返回的时间，从而计算物体表面的距离。光速恒定，因此通过测量光束从发射到接收的时间，可以计算出光束在空间中传播的距离。时间飞行扫描仪通常具有较大的测量范围和较快的扫描速度，适用于捕捉较大场景的点云数据。

图 6-1　仪器取出

4. 扫描仪的使用方法

本小节以 UNRE UCL360 PRO 扫描仪为例进行使用方法介绍，其他扫描仪请参见【知识拓展】中视频资源自行学习。

（1）外业操作（仪器架设）

1）打开仪器箱，取出扫描仪，将电池放入电池槽，如图 6-1 所示。

2）按住仪器顶部的开机键，待亮蓝色灯后松手，仪器正常开机，如图 6-2 所示。

图 6-2　扫描仪开机

3）取出云台，旋到碳纤维脚架上，将仪器放到云台上把锁扣扳动到锁紧状态。注意云台卡口位置，注意碳纤维脚架固定旋钮一定要旋紧，如图 6-3 所示。

图 6-3　扫描仪架设

（2）外业参数设置

1）项目命名

①管理—项目—新建项目，输入项目名称。

②文件基本名为 Scan 为前缀，生成点云文件 PTS。

2）扫描点云密度和点云数量的关系，见表 6-1。

扫描仪器点云密度表　　　　　　　　　　　　　　表 6-1

点云密度	扫描时间	点云数量（百万）
低	1 分 10 秒	30
中	1 分 40 秒	60
高	2 分 10 秒	90

3）彩色 / 黑白扫描

扫描仪可根据要求设置打开彩色扫描开关，关闭则为黑白扫描。

4）外业参数设置总结

①扫描仪距离被测物体越远，点云密度设置越大，扫描时间越长。

②彩色扫描开启，扫描时间会变长。

③室内小空间，推荐使用"中""低"点云密度。户外开阔地，推荐使用"高"点云密度。

（3）外业扫描方式

1）无标靶

①扫描仪架设时，尽量远离以下物体：闪亮的表面、镜面和积水。

②描仪与目标之间有清晰的视线，并确保每个目标都能从多个扫描仪位置看到（至少 30%）。

③扫描仪多个架设站点之间需要满足"通视"原则，即两个相邻的站点之间可以互相被看到。

④扫描仪架的越高，扫描距离越远。

2）有标靶

①扫描仪架设时，尽量远离以下物体：闪亮的表面、镜面和积水。

②描仪与目标之间有清晰的视线，并确保每个目标都能从多个扫描仪位置看到。

③扫描仪多个架设站点之间需要满足"通视"原则，即两个相邻的站点之间可以互相被看到。

④标靶纸最少需要 3 组，每组 2 个。

⑤标靶纸分布时应该均匀分散开，不可以被摆在同一直线上。一般摆在距离扫描仪 5m 范围内。

6.1.2 设备设施运维管理数据创建

1. 竣工阶段 BIM 应用

运维平台对接 BIM 数据，可以将底层的信息导入，并辅助于后期运维。

（1）基于 BIM 的可视化平台，系统化 BIM 平台将建筑设计过程信息化、三维化，同时加强运维管理能力。

（2）基于 BIM 的信息协同。用户可以通过平台对建筑情况进行把控，同时对危险源进行实时监控。

（3）基于 BIM 的资料管理。在运维中，工程资料是建设施工中的一项重要组成部分，是工程建设及竣工验收的必备条件，也是对工程进行检查、维护、管理、使用、改建和扩建的原始依据。

2. 运维信息录入

在项目竣工阶段需要运维单位提供相应运维信息表，录入 BIM 信息模型，满足项目运营维护需求，如图 6-4 所示为设备参数信息表。

	冰水主机 	泵浦 	送风机 	空调箱 	卫生设施 	消防栓箱	灯具 	配电盘 	插座 	摄影机 	指示灯
3.01 字段填写人											
3.02 组件识别名称											
3.03 采购厂商											
3.04 采购厂商联络人											
3.05 采购厂商电话											
3.06 制造厂商名称											
3.07 制造厂商网址											
3.08 产品信息											
3.09 版本注记											
3.10 修订信息											
3.11 公共工程编码											
3.12 施工厂商											
3.13 设备进场时间											
3.14 设备安装日期											
3.15 维护保养期限											
3.16 族群名称											
3.17 族群类别											
3.18 族群说明											
3.19 模型编号											
3.20 零件保固证明											
3.21 零件保固期限											
3.22 人力保固期限											
3.23 保固期限											
3.24 标称高度											
3.25 标称长度											
3.26 标称宽度											
3.27 例证名称											
3.28 例证说明											
3.29 系统名称											
3.30 系统类别											
3.31 空间名称											
3.32 空间类别											
3.33 空间说明											

图 6-4　设备参数信息表

3. 设备参数添加的方法

在 Revit 软件中打开已创建好的族（以组合式空调机组为例），点击【管理】>【项目单位】，设置规程为"HVAC"，分别修改功率单位为"kW"，风量单位为"m³/h"，如图 6-5 所示，完成后点击【创建】>【属性】>【族类型】，在弹出的"族类型"对话框中，参照参数表（图 6-6）为机械设备添加相应的设备参数，操作步骤如下：

图 6-5　单位设置

参数表

风机盘管	参数	单位
制冷量	112	kW
热量	80	kW
外部静压	500	Pa
电机功率	11	kW
送风量	21000	m³/h
新风量	2000	m³/h

图 6-6　参数表

（1）添加制冷量参数：点击【新建参数】，在"参数属性"弹窗中设置"参数类型"为"族参数"，在参数数据栏"名称"处输入"制冷量"，设置"规程"为"HVAC"，"参数类型"为"功率"，"参数分组方式"为"机械 – 负荷"，完成后点击"确定"。

（2）添加热量参数：参照制冷量参数添加方法，设置参数"名称"为"热量"，"规程"为"HVAC"，"参数类型"为"功率"，"参数分组方式"为"机械 – 负荷"，完成后点击"确定"。

（3）添加外部静压参数：参照制冷量参数添加方法，设置参数"名称"为"外部静压"，"规程"为"HVAC"，"参数类型"为"压力"，"参数分组方式"为"机械 – 流量"，完成后点击"确定"。

（4）添加电机功率参数：参照制冷量参数添加方法，设置参数"名称"为"电机功率"，"规程"为"HVAC"，"参数类型"为"功率"，"参数分组方式"为"机械 – 负荷"，完成后点击"确定"。

（5）添加送风量 / 新风量参数：参照制冷量参数添加方法，设置参数"名称"为"送风量"，"规程"为"HVAC"，"参数类型"为"风量"，"参数分组方式"为"机械 – 流量"，完成后点击"确定"，新风量参数设置方法与此相同。

（6）参数添加完成后，参照参数表中的对应参数信息设置参数值，其他参数添加方法类同，如图 6-7、图 6-8 所示。

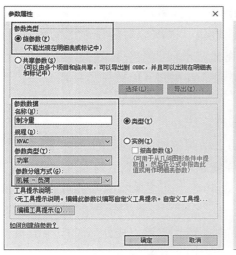

参数属性
参数类型
族参数(F)
(不能出现在明细表或标记中)
共享参数(S)
(可以由多个项目和族共享，可以导出到 ODBC，并且可以出现在明细表和标记中)
选择(L)...
导出(E)...
参数数据
名称(N):
制冷量
类型(Y)
规程(D):
HVAC
实例(I)
参数类型(T):
报告参数(R)
功率
(可用于从几何图形条件中提取值，然后在公式中报告此值或用作明细表参数)
参数分组方式(G):
机械 - 负荷
工具提示说明:
<无工具提示说明。编辑此参数以编写自定义工具提示。自定义工具提...
编辑工具提示(O)...
如何创建族参数?
确定
取消

图 6-7 新建项目参数

族类型
类型名称(Y):
搜索参数
参数
值
公式
锁定
机械 - 流量
外部静压
500.00 Pa
新风量
2000.0000 m³/h
送风量
21000.0000 m³/h
机械 - 负荷
制冷量
112.00000 kW
热量
80.00000 kW
电机功率
11.00000 kW
标识数据
管理查找表格(G)
如何管理族类型?
确定
取消
应用(A)

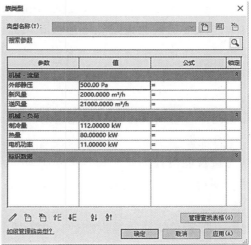

图 6-8 参数添加

6.1.3 初识智慧建筑运维管理系统

1. 智慧建筑措施分析

智慧建筑是一种利用先进的技术和创新的设计概念来提高建筑能效、舒适性和可持续性的建筑形式。在绿色生态、低能耗、健康和智慧运营方面，智慧建筑与常规建筑的对比见图 6-9。智慧建筑有以下突出特点：

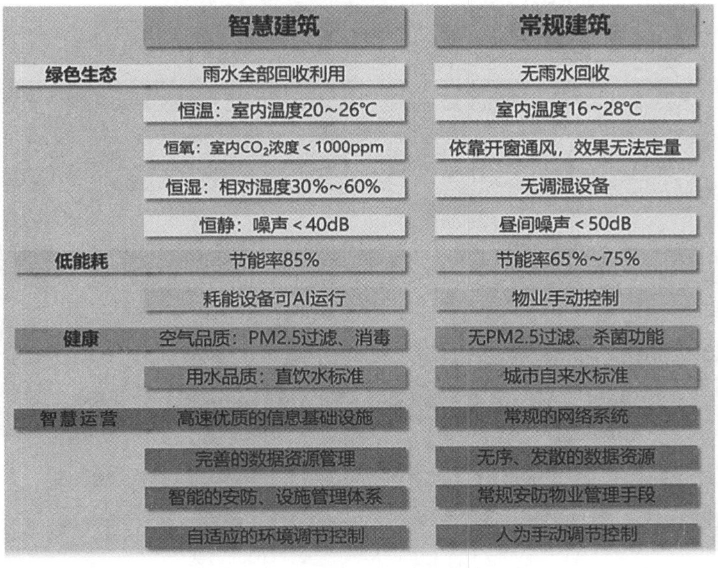

智慧建筑
常规建筑
绿色生态
雨水全部回收利用
无雨水回收
恒温：室内温度20~26℃
室内温度16~28℃
恒氧：室内CO₂浓度＜1000ppm
依靠开窗通风，效果无法定量
恒湿：相对湿度30%~60%
无调湿设备
恒静：噪声＜40dB
昼间噪声＜50dB
低能耗
节能率85%
节能率65%~75%
耗能设备可AI运行
物业手动控制
健康
空气品质：PM2.5过滤、消毒
无PM2.5过滤、杀菌功能
用水品质：直饮水标准
城市自来水标准
智慧运营
高速优质的信息基础设施
常规的网络系统
完善的数据资源管理
无序、发散的数据资源
智能的安防、设施管理体系
常规安防物业管理手段
自适应的环境调节控制
人为手动调节控制

图 6-9 智慧建筑与常规建筑对比

绿色生态：智慧建筑可以通过设计和建筑材料选择来减少对环境的影响。它可以采用可再生能源系统，如太阳能电池板和风力发电机，以减少对传统能源的依赖。此外，智慧建筑可以优化水资源管理，采用雨水收集和灰水回收系统，降低水资源的使用量。还可以引入绿色植被和生态系统，如绿色屋顶和垂直花园，以改善空气质量、提供自然通风和降低城市热岛效应。

低能耗：智慧建筑可以利用先进的能源管理系统和自动化技术来降低能源消耗。它可以使用智能照明系统，根据光线和人员活动自动调整照明亮度和开关状态。智慧建筑还可以配备智能温控系统，根据人员活动和环境条件自动调节室内温度和湿度。此外，智慧建筑还可以应用建筑外壳隔热材料和高效设备，以减少能源损耗和提高能源利用效率。

健康：智慧建筑注重提供舒适、健康的室内环境。它可以应用智能空气质量监测系统，实时监测和控制室内空气质量，确保良好的室内空气流通和过滤。智慧建筑还可以提供自然采光和室内照明的平衡，以减少眼睛疲劳和提高工作效率。此外，智慧建筑可以提供智能健康管理功能，如健康监测和个性化健康建议，促进居民的健康和福祉。

智慧管理：智慧建筑利用传感器、数据采集和分析技术，实现对建筑系统和设备的智能监控和管理。通过收集和分析数据，智慧建筑可以实时监测能源消耗、室内环境参数、设备运行状态等，并进行智能化的优化和调整。智慧建筑还可以应用人流分析、安防监控和空间利用率分析等技术，提供更智能、高效的建筑管理和运营。

2. 基于 BIM 的运维管理平台总体架构

基于 BIM 的运维管理平台主要实现人、设备、建筑三者之间的互联互通，以 BIM 为载体，将更多的信息联系在一起，通过数据分析、性能分析与模型分析，实现智慧建筑"以人为中心"的目的。图 6-10 所示为智慧建筑总体架构。

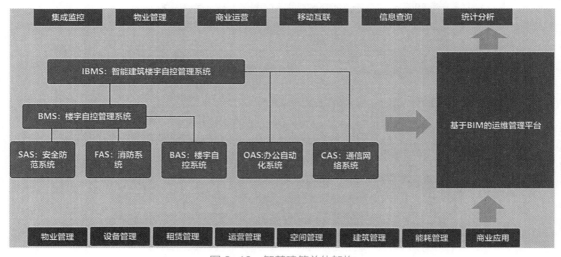

图 6-10　智慧建筑总体架构

学习小结

通过运维阶段技术应用的学习，需要读者学会至少一款三维扫描设备的使用，并能进行建筑信息模型的输出；能利用建筑模型软件进行设备设施运维管理数据的创建与添加，并能对智慧建筑运维管理系统有初步的概念了解，能做好模型交付前的工作实施。

知识拓展

 【案例分享】

项目背景：

古建筑的保护是我国重点文物保护项目之一，以往的古建筑信息保存方法例如二维测绘图纸、照片、影像、电子版 CAD 图纸或者三维模型等均无法准确和全面地承载古建筑的全部信息，均不利于对于古建筑本体的管理以及古建筑文化遗产的传承。本项目以某古建筑为例，通过重建唐代佛光寺，实践数字建造理念。

三维扫描：

通过三维扫描仪对古建筑原址进行扫描，获取最准确的佛光寺尺寸数据，如图 6-11 所示。为后续设计提供依据，并在建模软件平台中进行模型重建，如图 6-12 所示。最后进行古建筑在模型中还原用于出图及建造，如图 6-13 所示。

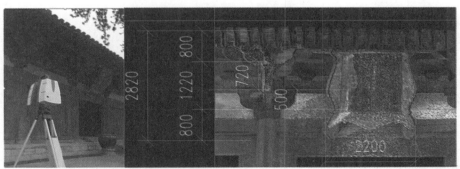
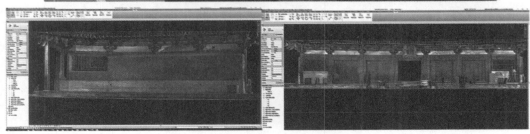

图 6-11 古建筑三维扫描

图 6-12　古建筑点云模型

图 6-13　古建筑逆向建模

 学习资源

1. 三维扫描在古建筑中的应用（附二维码）；
2. 某办公大楼智慧运维案例（附二维码）。

三维扫描在古建
筑中的应用

某办公大楼智慧
运维案例

习题与思考

习题参考答案

1. 填空题

（1）常见的点云处理任务包括＿＿＿＿、＿＿＿＿、＿＿＿＿、＿＿＿＿和＿＿＿＿等。

（2）基于 BIM 的运维管理平台主要实现＿＿＿＿、＿＿＿＿和＿＿＿＿三者之间的互联互通，以 BIM 为载体，将更多的信息联系在一起，通过数据分析、性能分析与模型分析，实现智慧建筑"以人为中心"的目的。

2. 问答题

（1）三维扫描仪的工作原理包括哪些？并分别概述。

（2）从绿色生态、低能耗、健康和智慧运营方面对智慧建筑进行分析。

6.2 数字一体化技术与智能装备

教学目标

一、知识目标

1. 了解无人机的应用场景；
2. 了解 BIM+AR 技术在工程现场的应用场景。

二、能力目标

1. 能使用无人机进行航拍及倾斜摄影；
2. 能使用 AR 平台进行模型处理及现场应用。

三、素养目标

1. 能不断学习新知识、新技术，并能应用到数字一体化设计工作中；
2. 能对新技术应用进行总结。

学习任务

了解数字一体化设计技术与智能装备的拓展应用，掌握无人机、AR 平台的使用方法。

建议学时

6 学时

思维导图

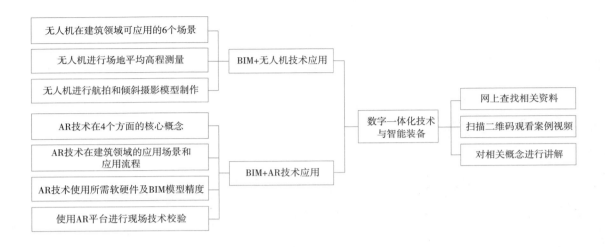

6.2.1　无人机在工程现场的应用

1. 无人机在建筑领域的使用

在建筑领域，无人机的应用越来越广泛，可以用于建筑勘测、设计、施工监管、质量控制等方面。无人机在建筑领域的使用主要在六个方面：

1）建筑勘测

无人机可以通过航拍技术对建筑物进行全方位的高清测量和建模，获取建筑物外观、结构、尺寸、地形等信息。这些信息可以为设计和施工提供依据，同时可以为建筑物的维护和管理提供帮助。

2）建筑设计

无人机可以通过航拍技术获取建筑用地、地形、地貌等信息，提供给设计师更加全面和准确的设计参考。此外，无人机也可以通过快速建模技术，将实际场景转换成三维模型，为设计提供更加直观的视觉展示。

3）施工监管

无人机可以通过航拍技术对建筑现场进行实时监控，了解施工进度、施工质量和安全情况等。此外，无人机还可以帮助施工人员进行物资调度和进度安排，提高施工效率。

4）质量控制

无人机可以通过航拍技术对建筑物进行质量检查，如检查外观、墙面平整度、结构完整性等。此外，无人机还可以进行非破坏性检测，检测建筑物中的裂缝、渗漏、裂隙等质量问题，帮助提高建筑物的质量和安全性。

5）安全监管

无人机可以通过航拍技术对建筑物周边的安全隐患进行监测和预警，如建筑物倾斜、地质灾害等。此外，无人机还可以进行空中巡逻，监测建筑物周边的安全情况，提高建筑物的安全性。

6）环保监管

无人机可以通过航拍技术对建筑物周边的环境进行监测，如空气质量、水质、噪声等。此外，无人机还可以监测建筑物周边的生态环境，提高建筑物的环保性。

2. 无人机测量场地平均高程的方法

无人机航测的高重叠度，而且多基线航测的测量能够自动有效匹配连接点，和以往的航测相比较而言，操作更加便捷，可以实现信息数据的自动化处理，同时可以迅速制作地面模型，目前在公路和国土等相关领域中运用比较普遍。在讨论摄影测量的高程精度过程中，比较重视基线比的绝对高度，然后衡量高程精度，然而在实践操作过程中，严重影响摄影测量的高程精度并非只是基高比。在研究影响无人机航测的高程精度要素基础上，应利用有关方法提升高程精度，如图 6-14 所示。

图 6-14　无人机测量场地高程

（1）提升无人机的性能

有效提升无人机系统自身性能，加强对外界干扰要素的抵抗能力，有效减小像片倾角，并且在一定程度上提升飞行阶段的飞行安全性与稳定性，定期针对无人机系统和航摄系统进行检修与维护，从而降低由于检修不及时仪器出现误差。除此之外，在安装航摄系统过程中，必须严格依据有关技术指导书完成，把相机 CCD 阵面短边和航行方向相垂直，从而在一定程度上有效提升高程精度。

（2）高程二次定向方法

在无人机进行航空摄影彩绘过程中，一定会出现一些模型像片的倾角超限问题，即各个测量区域一定会存在一定数量立体模型航测内业信息数据高程精度误差的超限问题。对此，在无人机航测过程中，对于像片倾角相关超限模型，可以利用下述技术方法进行处理，从而提升立体模型相应高程量测精度。实践过程中，得到外方位元素有效恢复立体模型过后，在进行像片倾角相对比较大的立体模型绝对定向时，虽然绝对定向误差残差比较小，可是全野外测量高程指点难以精确恢复至被量测地物表面。其主要是因为像片倾角超限，导致运用 PATB 光束法平差反算后，此种类型像片外方位的元素中三个角元素难以准确测定。运用高程控制的全野外布设方式，针对像片倾角的超限立体像，可以利用下述方法：

1）运用空中三角测量实现加密平差，反算出野外的高程控制点相应平面坐标。

2）要在数字摄影测量的工作中有效恢复立体模型。

3）对于加密时的模型连接点要进行删除，然后保留全野外测量相关像片控制点。

4）保留野外测量所有像片控制点，其中包含了平高控制点以及高程控制点，对于立体状态环境下，需要重新有效观测野外的所有控制点高程。

5）重新进行绝对定向，计算出倾角超限像片中的六个外方位元素。

6）采集核线，立体采集。上述方法被称为高程二次定向，也就是重新创建立体模型，完成信息数据的采集，同时把此超限立体模型相应高程误差有效控制在 1/3 等高距之内，从而有效提升高程测量精度。

通过无人机技术对场地高程进行测量在提高测量精度的基础上也可以提高测量效率，单个项目从无人机拍摄到出平均高程大概耗时一周时间。

3. 无人机航拍及倾斜摄影

通过无人机对施工场地进行航拍，获取现场环境数据，与 BIM 数据整合形成施工场地规划，施工场地规划是对施工各阶段的场地地形、既有建筑设施、周边环境、施工区域、临时设施、临时道路、加工区域、材料堆场、临水临电、施工机械、安全文明施工设施等进行规划布置和分析优化，以实现场地布置科学合理。

（1）收集数据，并确保其准确性。

（2）根据施工图设计模型或深化设计模型、施工场地信息、施工场地规划、施工机械设备选型初步方案以及进度计划等，创建或整合场地地形、既有建筑设施、周边环境、施工区域、道路交通、临时设施、加工区域、材料堆场、临水临电、施工机械、安全文明施工设施等模型，并附加相关信息进行经济技术模拟分析，如工程量比对、设备负荷校核等。

（3）依据模拟分析结果，选择最优施工场地规划方案，生成模拟演示视频并提交施工部门审核。

（4）编制场地规划方案并进行技术交底。

提交成果：1）施工场地规划模型。模型应动态表达施工各阶段的场地地形、既有建筑设施、周边环境、施工区域、临时道路、临时设施、加工区域、材料堆场、临水临电、施工机械、安全文明施工设施等规划布置；2）施工场地规划方案、施工场地规划分析报告。分析报告应包含模拟结果分析、可视化资料等，辅助编制施工场地规划方案。

6.2.2　AR 增强现实技术在工程现场的应用

1. AR 技术概念

增强现实（Augmented Reality，AR）是一种技术，通过将虚拟信息与真实世界场景进行融合，创造出一种综合的现实体验。AR 技术通过计算机图形学、传感器、定位和识别等技术，将虚拟内容以图像、视频、音频或 3D 模型等形式叠加到真实世界中，使用户可以通过设备（如智能手机、平板电脑或 AR 眼镜）观察并与虚拟内容进行交互。

AR 技术的核心概念包括以下几个方面：

1）视觉感知和追踪：AR 系统使用摄像头或传感器感知用户所处环境的视觉信息。这些信息可以是图像或视频，用于感知和理解真实世界场景。通过对环境中的特征点、平面或物体进行识别和跟踪，AR 系统能够准确地确定用户的位置和姿态，以便将虚拟内容与之对齐和叠加。

2）虚实融合：AR 技术需要将虚拟内容与真实世界场景进行融合，使其看起来像是真实存在于环境中。这需要精确的位置追踪和姿态估计算法，以确保虚拟对象与真实场景保持一致。通过将虚拟内容与环境的几何特征进行匹配，AR 系统能够实现虚拟对象在真实场景中的正确位置和尺度。

3）用户交互：AR 技术允许用户与虚拟内容进行交互。用户可以通过手势、语音指令、触摸屏幕或其他输入设备对虚拟对象进行操作、控制或修改。AR 系统可以根据用户的输入响应，并实时更新虚拟内容的状态和呈现方式。

4）显示和呈现：AR 技术需要将虚拟内容以合适的方式呈现给用户。这可以通过智能手机、平板电脑、AR 眼镜或其他显示设备来实现。AR 设备通常会将虚拟对象的视图叠加在真实场景的视图上，通过显示屏、投影或透明显示技术将虚拟内容与真实世界进行融合呈现。

2. AR 技术应用

（1）BIM+AR 技术应用流程（图 6-15）

（2）BIM+AR 技术应用场景

1）建成模拟：利用初期 BIM 模型，在项目地块做建成效果模拟；

2）工艺工法交底：利用标准工艺工法节点的 BIM 模型，结合现场展板 / 展厅布置或

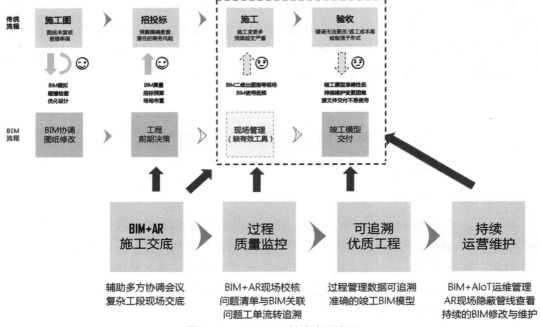

图 6-15　BIM+AR 技术应用流程

现场交底需要，向施工单位交底标准工艺工法要求；

3）场布方案模拟：利用场布 BIM 模型，在项目地块做场布方案模拟，结合现场展板 / 展厅布置，做场布方案交底；

4）桩基承台复核：利用桩基承台 BIM 模型，复核桩基数量、承台尺寸、形状、位置；

5）基坑结构复核：利用基坑结构 BIM 模型，复核基坑结构尺寸、位置；

6）场地预埋管线复核：利用场地预埋管线 BIM 模型，复核场地预埋管线的走向、管径、排布、深度；

7）地下室土建预留洞口复核：利用地下室土建 BIM 模型，在支模阶段或拆模后复核预埋套管、预留洞口的数量、位置、尺寸；

8）地上结构复核：利用地上结构 BIM 模型，复核地上结构尺寸、位置；

9）地上土建预留洞口复核：利用地上土建 BIM 模型，在支模阶段或拆模后复核预埋套管、预留洞口的数量、位置、尺寸；

10）设备安装交底与复核：利用设备 BIM 模型，在设备安装前进行设备安装 / 操作空间现场交底和平衡，在设备安装完成后对设备安装方向、位置，接口位置、尺寸进行复核；

11）支吊架交底与复核：利用支吊架 BIM 模型，在支吊架安装前进行交底，在安装完成后对制作尺寸、材料尺寸、安装位置进行复核；

12）机电管综安装交底和复核：利用机电管综 BIM 模型，在安装前进行现场排布

160

交底，在安装完成后对走向、管径、排布、高度进行复核；

13）装饰结构安装复核：利用装饰结构的 BIM 模型，复核材料尺寸、安装位置；

14）装饰施工交底与复核：利用装饰 BIM 模型，在装饰施工前对设计方案、材料、材质、颜色、拼贴要求、开孔位置进行交底，在装饰施工完成后对上述要求进行复核；

15）竣工模型复核后交付：根据施工过程中设计变更、施工变更以及现场实际情况，在过程中更新 BIM 模型，最后交付竣工 BIM 模型。在移交 BIM 模型前对模型与现场的一致性进行复核。

（3）BIM+AR 技术应用软硬件及前期准备

1）软硬件配置（表 6-2）

软硬件配置表 表 6-2

软硬件名称及版本	应用
Autodesk Revit	主要进行工程建模、复杂节点深化
Autodesk AutoCAD	主要进行图纸的绘制
BIM+AR 施工助手	模型与真实环境融合
平板电脑	AR 实施的硬件

2）前期准备：AR 实施前期准备工作包括模型搭建的规则及精度等。

①模型搭建规则及精度。前期按照 BIM 实施规范搭建模型，保证模型的命名、精度、信息与 BIM 实施规则一致。AR 实施过程中需对模型进行不同层次的拆分，保证模型的统一性、内部数据的流转。

② AR 应用流程

a. 前期搭建模型完成后进行深化，并出具图纸；

b. 与现场进行交底；

c. 对模型进行拆分；

d. 上传 AR 施工平台；

e. 指导现场施工或者复核；

f. 对偏差部位进行标注并及时与现场进行反馈；

g. 就反馈问题进行处理，现场变更或修改模型；

h. 对问题部分进行二次复核。

3. BIM+AR 技术的使用方法

（1）BIM 模型建模规则

1）土建模型搭建

①建立标高轴网。项目开始，由项目负责人或指定相应人员用 Revit 软件则直接在项目中明确项目基点，建立标高及轴网，有 CAD 深化图则以描图方式建立标高及轴网，

标高及轴网建立后单独形成标高轴网文件并放入相应的文件夹在项目中共享。轴网位置一旦确定不得任意更改,注意标高轴网绘制完后需将 CAD 深化图纸进行清理。

②单位。项目中所有模型均使用统一的单位与度量制,默认的项目单位为毫米,导入图纸前明确图纸换算比例。

③建模专业要点。根据项目实际情况及体量,由项目负责人提前确定拆分原则,按业态划分还是需拆分楼层。根据项目对接甲方实际需求,由项目负责人提前确定,项目整体建模规则是否有调整。对于本标准中未涉及部分,建模前需提前与项目负责人对接,由项目负责人根据实际情况判断并给与相关执行标准。

④内建模型规则。当部分构件以内建模型建立时,应首先验证其是否满足项目工作需要,例如算量要求等;内建模型的类型归属应与所使用类相关,例如墙线条统一归入墙体,柱线条统一归入柱,台阶归入楼板等。具体建模时需用到内建模型,不明确时需向项目负责人进一步确定。

⑤楼梯。根据不同的设计有不同构造的楼梯,首先应对项目中的楼梯的样式做一个统计,确定楼梯的类型、数量,然后对各种楼梯命名,如果项目中楼梯已有编号,则按项目中的编号命名,楼梯的最小踏步宽度和最小踏步高度定义应符合项目设计中的要求,楼梯栏杆尽量和项目中表达一致,不得随意更改。

2)机电模型搭建

①建立标高轴网。项目开始,由项目负责人或指定相应人员用 Revit 软件直接在项目中明确项目基点,建立标高及轴网,有 CAD 深化图则以描图方式建立标高及轴网,标高及轴网建立后单独形成标高轴网文件并放入相应的文件夹在项目中共享,轴网位置一旦确定不得任意更改,注意标高轴网绘制完后需将 CAD 深化图纸进行清理。

②单位。项目中所有模型均使用统一的单位与度量制,默认的项目单位为毫米,导入图纸前明确图纸比例换算。

③模型拆分要求。机电模型应分地下部分与地上部分管线。地下部分应分楼层,单层面积大于 $50000m^2$ 可再按后浇带划分。地上部分应分楼栋、分楼层、分室外环网等。

④管道属性要求。机电各管道(水管、暖管)大专业名称,统一放在 Revit 模型(系统类型 /Systemtype)里(如:给水排水系统)。

电气桥架系统,名称统一放在模型(标记 /Mark)里(如:强电系统或弱电系统)。任意项目阶段中提交的模型都需添加完整信息,但模型几何工作内容详见模型各阶段建模深度。

管道及附件的材质信息统一放在注释(Comments)中。

管道保温材料统一放在模型(绝缘层 / 隔热层类型)里;保温层厚度信息统一放置(绝缘层 / 隔热层厚度)。

⑤机电模型提交要求。所有机电模型交付前,必须经过"轻量化处理"。模型必须单独交付各区域机电模型、相同工作区域土建模型、并需提供全链接模型,共三种不同模型。各专业机电模型交付时,必须将清理过的同专业 CAD 图纸置于模型底部,与三维管线相对应。各专业模型需设置明细表单。

4. BIM 模型数据导入 AR 平台的方法

（1）模型上传前准备

1）上传小于 1000M 的模型，以确保使用流程完整；

2）确认目标模型在 Revit 中系统默认【{三维}】视图中正常显示，并将详细程度设置为【精细】；

3）【{三维}】视图中过滤器的显隐控制、剖面框的设置，都将带入 AR 系统中；

4）带大括号的软件默认【{三维}】视图，而非其他任何自定义三维视图；

5）同一区域内所有专业模型会被软件同时加载，不同单体或者区域请创建单体和区域并分别上传对应模型文件。

在同一单体内上传多专业模型时，为保证各专业相对位置准确，上传前请确认模型在 Revit 中能以原点到原点的链接方式对齐，如图 6-16 所示。

图 6-16　模型对齐

若模型采用"原点到原点"的方式对齐，请在创建单体时选择对应选项，如图 6-17 所示。

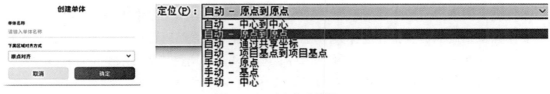

图 6-17　对齐方式选择

处理完成后，模型在 AR 系统中的材质外观与 Revit 中视觉样式【真实】要在 AR 系统中显示的材质，需在系统类型属性里设置材质的外观，如图 6-18 所示。

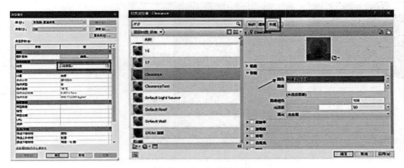

图 6-18　材质选择

Revit 过滤器的颜色也支持显示，默认如果存在过滤器的都以过滤器为准进行显示，包括桥架等专业。

在"系统"内建立的风管、水管等构件，AR 系统会按照其所属系统设置的系统颜色显示，以便于在浏览模型时区分不同的系统模型。

（2）上传模型 – 平台

打开项目资源配置页面后，按步骤操作创建单体并上传模型。通常情况下模型处理时间在 10min 左右，如遇模型处理高峰需要排队处理，如图 6-19 所示。

图 6-19　模型处理界面

（3）配置现场二维码

将镜头调整至模型中需要添加二维码的位置：①点击添加二维码按钮；②鼠标点击需要添加二维码的位置，并选择其对应的参考平面（竖直贴码则为其下方地面，水平贴码则为其附近的立面）；③输入二维码名称；④拉动箭头调整二维码水平位置；⑤设置二维码底部相对参考平面的距离；⑥提交保存，如图 6-20 所示。

列表中单击下载图标，可以将布置于该处的二维码 pdf 文件下载到本地，打印之后根据布点的设置贴到项目现场相应位置处，使用 APP 打开对应项目和模型，扫描该二维码即可在该处完成定位，如图 6-21 所示。

图 6-20　现场配置二维码

图 6-21　二维码下载

将二维码贴于墙面等立面。二维码实际尺寸应为 10cm×10cm，pdf 文件打印时请注意将缩放比例设置为 100%。

5. AR 应用数据导出与分析

（1）生成验收记录

操作步骤：1）点击选中待验构件；2）查看 BIM 信息和过往验收记录；3）调整构件验收状态：未施工、施工中、已完工、验收通过，如图 6-22 所示；4）添加通知 / 整改单，如图 6-23 所示。

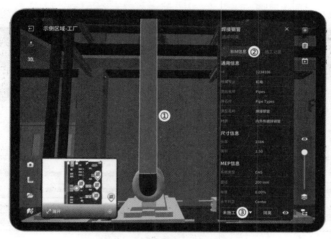

图 6-22　生成验收记录

（2）创建整改单

操作步骤：1）填写标题；2）选择参与人，若账号已绑定微信则同步接收通知；3）关联其他构件（多构件属于同一问题）；4）填写描述和配图（可选项）；5）确定截止日期（可选项），如图 6-23 所示。

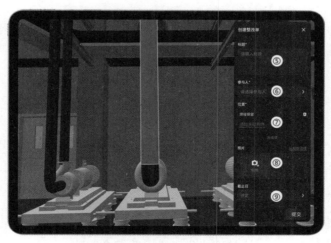

图 6-23　创建整改单

（3）AR 校核报告

对现场管线、预留洞口等已完工工序进行 AR 复核，发现现场与模型不一致，发布工程联系单，核实并进行相应修改，对修改完成区域再次 AR 复核，生成校验报告，如图 6-24 所示。

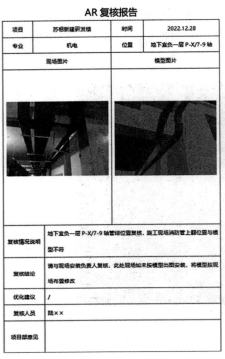

图 6-24　复核报告样式

 学习小结

完成本节学习后，读者应该学会利用无人机进行建筑航拍及倾斜摄影模型制作；能利用 AR 软件平台进行模型的导入及数据输出，进行项目数据分析。

知识拓展

 案例分享

项目背景：某医疗中心项目是某地区重点民生工程，规划建设成一所集医疗、教学、科研、保健、康复、急救为一体的现代化三级甲等综合医院。

无人机技术应用：

（1）基坑开挖阶段：项目基坑开挖阶段的精细建模除了可以帮助土木工程师在实际建造项目前更直观地发现未来施工过程中可能出现的问题；同时利用软件自带的统计功能，可以计算出、挖／填土量，直接导出明细表，与合同清单核对，做好比对，合理安排施工进度及车辆，如图6-25所示。

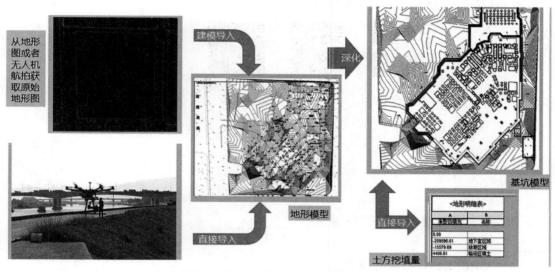

图6-25　土方开挖模拟及算量

（2）倾斜摄影技术：将倾斜摄影模型与建筑模型整合，可实现建筑物模型场景与建筑周边实际场景结合，如图6-26所示。

图6-26　某医疗中心项目倾斜摄影模型

📱 学习资源

1.无人机航拍的方法介绍（附二维码）；
2.无人机倾斜摄影案例介绍（附二维码）；
3.BIM+AR 技术应用介绍（附二维码）；
4.镜像在施工现场的应用（附二维码）。

无人机航拍的方法介绍 无人机倾斜摄影案例介绍 BIM+AR 技术应用介绍 镜像在施工现场的应用

习题与思考

习题参考答案

1.填空题

（1）无人机在建筑领域的使用包括＿＿＿＿、＿＿＿＿、＿＿＿＿、＿＿＿＿、＿＿＿＿、＿＿＿＿六项。

（2）AR 技术的核心概念包括＿＿＿＿、＿＿＿＿、＿＿＿＿、＿＿＿＿四个方面。

2.问答题

（1）请概述无人机进行高程二次定向的方法。

（2）请概述 AR 技术应用场景。

参考文献

[1] 曾旭东，黄文胜 ."1+X" 建筑信息模型（BIM）职业技能等级证书 城乡规划与建筑设计 BIM 技术应用 [M]. 北京：高等教育出版社，2020.

[2] 中国建筑节能协会建筑能耗与碳排放数据专业委员会 .2022 年中国建筑能耗与碳排放研究报告 [R]. 北京：中国建筑节能协会，重庆大学，2022.

[3] 王光炎，吴琳 . 装配式建筑混凝土构件深化设计 [M]. 北京：中国建筑工业出版社，2020：10-12.

[4] 汪深 . 应用 BIM 技术创建参数化预制构件 [J]. 中国信息化，2018（5）：59-61.

[5] 王鑫等 . 装配式混凝土建筑深化设计 [M]. 重庆：重庆大学出版社，2020.

[6] 胡江飞 .BIM 技术在预制装配式建筑施工中的应用研究 [J]. 居舍，2018（11）：36.

[7] 朱海兵 .BIM 技术在预制装配式建筑施工管理中的应用 [J]. 住宅与房地产，2018（7）：180.

[8] 中华人民共和国住房和城乡建设部 . 建筑信息模型应用统一标准：GB/T 51212-2016[S]. 北京：中国建筑工业出版社，2017.

[9] 中华人民共和国住房和城乡建设部 . 建筑信息模型施工应用标准：GB/T 51235-2017[S]. 北京：中国建筑工业出版社，2018.

[10] 中华人民共和国住房和城乡建设部 . 建筑信息模型设计交付标准：GB/T 51301-2018[S]. 北京：中国建筑工业出版社，2018.

[11] 中华人民共和国住房和城乡建设部 . 建筑工程设计信息模型制图标准：JGJ/T 448-2018[S]. 北京：中国建筑工业出版社，2019.

[12] 中华人民共和国住房和城乡建设部 . 近零能耗建筑技术标准：GB/T 51350-2019[S]. 北京：中国建筑工业出版社，2019.

[13] 中华人民共和国住房和城乡建设部 . 建筑碳排放计算标准：GB/T 51366-2019[S]. 北京：中国建筑工业出版社，2019.

[14] 中华人民共和国住房和城乡建设部 . 绿色建筑评价标准：GB/T 50378-2019[S]. 北京：中国建筑工业出版社，2019.

[15] 中华人民共和国住房和城乡建设部 . 建筑节能与可再生能源利用通用规范：GB 55015-2021[S]. 北京：中国建筑工业出版社，2021.

[16] 中华人民共和国住房和城乡建设部 . 装配式建筑评价标准：GB/T 51129-2017[S]. 北京：中国建筑工业出版社，2018.

[17] 中华人民共和国住房和城乡建设部 . 装配式钢结构建筑技术标准：GB/T 51232-2016[S]. 北京：中国建筑工业出版社，2017.

[18] 中建科技集团有限公司 . 工业化建筑评价标准：T/ASC 15-2020[S]. 北京：中国建筑工业出版社，2020.

[19] 中华人民共和国住房和城乡建设部.装配式木结构建筑技术标准：GB/T 51233–2016[S].北京：中国建筑工业出版社，2017.

[20] 湖北省住房和城乡建设厅.湖北省装配式混凝土建筑设计深度技术规程：DB42/T 1863–2022[S].北京：中国建筑工业出版社，2022.

[21] 中华人民共和国住房和城乡建设部.装配式混凝土结构技术规程：JGJ 1–2014[S].北京：中国建筑工业出版社，2014.

[22] 中华人民共和国住房和城乡建设部.预制混凝土楼梯：JG/T 562–2018[S].北京：中国标准出版社，2018.

[23] 中华人民共和国住房和城乡建设部.装配式混凝土建筑技术标准：GB/T 51231–2016[S].北京：中国建筑工业出版社，2017.

[24] 北京市规划委员会.装配式框架及框架–剪力墙结构设计规程：DB11/1310–2015[S].北京：中国建筑工业出版社，2016.

[25] 中华人民共和国住房和城乡建设部.混凝土结构设计规范：GB 50010–2010[S].北京：中国建筑工业出版社，2015.

图书在版编目（CIP）数据

数字一体化设计技术与应用 / 江苏省建设教育协会
组织编写；黄文胜，常虹主编；袁玮，马少亭，娄永峰
副主编 . — 北京：中国建筑工业出版社，2024.3
高等职业教育智能建造类专业"十四五"系列教材
住房和城乡建设领域"十四五"智能建造技术培训教材
ISBN 978-7-112-29516-6

Ⅰ.①数… Ⅱ.①江…②黄…③常…④袁…⑤马
…⑥娄… Ⅲ.①智能技术—应用—建筑工程—高等职业
教育—教材 Ⅳ.① TU74-39

中国国家版本馆 CIP 数据核字（2023）第 251536 号

本书是高等职业教育智能建造类专业"十四五"系列教材之一。全书包括数字一体化设计概述、数字一体化设计协同管理、设计阶段数字一体化设计、施工阶段数字一体化设计、装配式建筑设计、数字一体化技术拓展应用共 6 章。

本书适合作为高等职业院校智能建造、工程管理、土木工程等专业的教学用书，也可作为相关从业人员的培训用书。

为了更好地支持相应课程的教学，我们向采用本书作为教材的教师提供课件，有需要者可与出版社联系。建工书院：http://edu.cabplink.com，邮箱：jckj@cabp.com.cn，电话：（010）58337285。

策划编辑：高延伟
责任编辑：吴越恺 杨 虹
责任校对：赵 力

高等职业教育智能建造类专业"十四五"系列教材
住房和城乡建设领域"十四五"智能建造技术培训教材
数字一体化设计技术与应用
组织编写 江苏省建设教育协会
主 编 黄文胜 常 虹
副 主 编 袁 玮 马少亭 娄永峰
主 审 童滋雨
*
中国建筑工业出版社出版、发行（北京海淀三里河路 9 号）
各地新华书店、建筑书店经销
北京雅盈中佳图文设计公司制版
建工社（河北）印刷有限公司印刷
*
开本：787 毫米 ×1092 毫米 1/16 印张：11$\frac{1}{2}$ 字数：264 千字
2024 年 6 月第一版 2024 年 6 月第一次印刷
定价：42.00 元（附数字资源及赠教师课件）
ISBN 978-7-112-29516-6
（42280）

版权所有 翻印必究
如有内容及印装质量问题，请与本社读者服务中心联系
电话：（010）58337283 QQ：2885381756
（地址：北京海淀三里河路 9 号中国建筑工业出版社 604 室 邮政编码：100037）